KB201268

책을 쓰면서 가장 기뻤던 순간은,
제가 그동안 쌓아온 경험과 노하우를
독자들과 나눌수 있다는 것이였습니다.
리폼의 매력은 단순히 낡고 오래된 옷을
새롭게 바꾸는 것만이 아니라 창의성과
지속 가능성을 통해 새로운 가치를 창출
하는데 있는데 이책을 통해 독자들이
리폼의 즐거움과 의미를 느끼고. 자신의
손으로 특별한 작품을 만들어 낼수 있길 바랍니다.

이에디나

누구나 신의 손이 되는

쉬운 리폼

이에디나, 양재빈 지음

책을 집필하는 과정은 결코 쉬운 일이 아니었지만,
그만큼 많은 성장과 배움이 있었습니다.
이 책을 통해 많은 사람들이 환경에 대한 재고와
리폼에 대한 새로운 영감을 얻기를 바랍니다.

저자 양재빈

용감한까치

누구나 신의 손이 되는
쉬운 리폼

초판 1쇄 발행 · 2024년 6월 20일

지은이 · 이에디나, 양재빈

발행인 · 우현진
발행처 · 주식회사 용감한 까치
출판사 등록일 · 2017년 4월 25일
팩스 · 02)6008-8266
홈페이지 · www.bravekkachi.co.kr
이메일 · aoqnf@naver.com

기획 및 책임편집 · 우혜진
마케팅 · 리자
디자인 · 죠스
교정교열 · 이정현
화보 촬영 · 아이엠푸드스타일리스트 김현학
CTP 출력 및 인쇄 · 제본 · 상지사

ISBN 979-11-91994-28-5(13590)

감성의 키움, 감정의 돌봄 용감한 까치 출판사
용감한 까치는 콘텐츠의 樂을 지향하며 일상 속 판타지를 응원합니다. 사람의 감성을 키우고 마음을 돌봐주는 다양한 즐거움과 재미를 위한 콘텐츠를 연구합니다. 우리의 오늘이 답답하지 않기를 기대하며 뻥 뚫리는 즐거움이 가득한 공감 콘텐츠를 만들어갑니다. 아날로그와 디지털의 기발한 콘텐츠 커넥션을 추구하며 활자에 기대어 위안을 얻을 수 있기를 바랍니다. 나를 가장 잘 아는 콘텐츠, 까치의 반가운 소식을 만나보세요!

세상에서 가장 용감한 고양이 '까치'

동물 병원 블랙리스트 까치. 예쁘다고 만지는 사람들 손을 마구 물고 할 퀴며 사나운 행동을 일삼아 못된 고양이로 소문이 났지만, 사실 까치는 누구보다도 사람들을 사랑하는 고양이예요. 사람들과 친해지고 싶은 마 음에 주위를 뱅뱅 맴돌지만, 정작 손이 다가오는 순간에는 너무 무서워 할퀴고 보는 까치.

그러던 어느 날, 사람들에게 미움만 받고 혼자 울고 있는 까치에게 한 아 저씨가 다가와 손을 내밀었어요. "만져도 되겠니?"라는 말과 함께 천천히 기다려준 그 아저씨는 "인생은 가까이에서 보면 비극이지만, 멀리서 보 면 코미디란다"라는 말만 남기고 횡하니 가버리는 게 아니겠어요?

울고 있던 겁 많은 고양이 까치는 아저씨 말에 마지막으로 한 번 더 용기 를 내보기로 했어요. 용기를 내 '용감'하게 사람들에게 다가가 마음을 표 현하기로 결심했죠. 그래도 아직은 무서우니까, 용기를 잃지 않기 위해 아저씨가 입던 옷과 똑같은 옷을 입고 길을 나섭니다. '인생은 코미디'라 는 말처럼, 사람들에게 코미디 같은 뻥 뚫리는 즐거움을 줄 수 있는 뚫어 뻥 마법 지팡이와 함께 말이죠.

과연 겁 많은 고양이 까치는 세상에서 가장 용감한 고양이가 될 수 있을 까요?
세상에서 가장 용감한 고양이 까치의 여행을 함께 응원해주세요!

CONTENTS 목차

intro I

재봉 기초 지식

PART 01

안 맞는 바지

청바지로 만드는
예쁜 옷 한 벌

찢어진 청바지가
화려한 청 재킷으로

얼룩진 청바지로
만드는 여름옷

안 입는 코르덴
바지로 귀여운
옷 한 벌과
가방까지 완성

물 빠진 멜빵바지
빈티지하게
리폼하기

오래된 바지로
만드는 작고 귀여운
크로스 백

못 입는 바지를
리폼해 주방에서
활용하기

PART 02

철 지난 아우터

트렌치코트 한 벌을
투피스와 가방으로
리폼하기

트렌치코트를
반으로 잘라
투피스 만들기

모직 코트와 니트로
겨울 투피스 만들기

평범한
트렌치코트가
명품으로

PART 03

유행 지난 원피스

PART 04

늘어난 상의

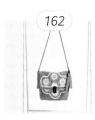

PART 05

버려지는 소품

PART 06

조금은 특별한 재료

264

얼룩지고 구멍 난
손뜨개를 잘라 아동
복 만들기

268

재봉하고 남은 조각과
프라이팬으로
리스 만들기

272

재봉하고 남은 조각
천과 셔츠로 예쁜
시계 만들기

276

자투리 원단으로
만드는 귀여운
사과 리스

280

일회용 종이컵과
자투리 천으로
독특한 가방과
장지갑 만들기

286

3000원짜리
구제 옷으로 만드는
테디베어 인형

290

구멍 난 양말로
귀여운 양말
인형 만들기

※ 일러두기

❶ 패턴 및 본문에 기입된 사이즈나 크기는 기본 사이즈 또는 크기입니다. 개인의 사이즈와 용도에 맞게 변형해 활용하세요.

❷ 제작 과정은 바느질 용어를 활용해 설명했습니다. 영상을 보며 따라 하면 더 쉽게 이해할 수 있습니다.

❸ '재료'에는 필수 재료만 소개했습니다. 재봉에 필요한 기본적인 도구나 글루건, 본드 등의 부재료는 따로 기입하지 않았습니다.

❹ 소요 시간은 개인에 따라 달라질 수 있습니다.

더는 세상에 버려지는
옷이 없기를
바라는 마음입니다

- 저자 이에디나 -

안녕하세요, 저는 유튜브 옷 리폼 크리에이터 '신의손이선생 – DIY edigna' 채널을 운영하는 이에디나입니다. 저는 약 20년 전 옷 리폼 강사를 한 기억을 살려 4년 전, 딸과 아들의 권유로 유튜브를 시작하게 되었습니다. 처음에는 옷 리폼하는 걸 누가 보겠나 싶어 기대감 없이 가벼운 마음으로 영상을 올렸습니다. 그렇게 별 기대 없이 올린 첫 영상이 갑자기 5만 회의 조회 수를 기록했고, 시작한 지 1년 되던 해에 우리나라 유튜브 전체에서 급성장 크리에이터 1위를 했습니다. 그 덕에 210만 유튜버가 되어 현재 편집과 영상 전반적인 부분을 딸, 아들과 함께 담당하고 있습니다. 아이들이 어릴 때 늘 바빠서 함께 시간을 많이 보내지 못했던 것에 대한 보답인가 하는 생각이 들기도 합니다.

약 20년 전 문화센터, 교육센터, 주민자치센터 등 여러 곳에서 열정적으로 강사 생활을 했습니다. 리폼한 옷으로 만든 작품으로 전국 미술 대전에서 상을 휩쓴 적도 있고, 화가들의 등용문인 미술 대전의 심사 위원을 역임한 적도 있습니다. 이후 작가로 활동했던 기억을 접고 인테리어 건축 일을 하다 유튜브를 시작하며 최단 기간에 210만 구독자와 누적 조회 수 7억 뷰라는 엄청난 기록을 세운 것은 아마도 제가 리폼한 옷을 작품처럼 높이 평가해주신 분들 덕이 아닐까 하고 생각합니다.

제가 못 입는 옷이나 물 빠진 옷, 낡아서 해진 옷을 재활용하는 영상을 유튜브에 업로드하는 이유가 무엇일까요. 더는 세상에 버려지는 옷이 없기를 바라는 마음 때문입니다. 우리가 쉽게 사고 버리는 옷이 기후변화와 환경오염의 주범이라는 생각, 해보셨나요? 무심코 버린 옷 한 벌이 환경오염에 일조하고 있다는 사실을 인식하지 못하는 분들이 많을 겁니다.

한 해 1000억 벌의 옷이 생산되고 그중 330억 벌이 버려지거나 소각되고 있습니다. 티셔츠 한 장을 생산할 때 최대 2,700L의 물이 사용되며 가공된 후에도 물을 심하게 오염시켜 환경에 피해를 입힐 뿐 아니라, 의류 제조 과정에서 전 세계 배출량의 10%를 차지할 정도로 많은 온실가스가 발생한다고 합니다.

그뿐만이 아닙니다. 매년 옷에서 나오는 1만 9000톤의 미세 플라스틱이 해양 오염을 일으키고 결국 돌고 돌아 우리 입속으로 들어오게 됩니다.

옷이 기후변화의 원인인 환경오염에 미치는 영향이 얼마나 큰지 실감한 프랑스에서는 정부가 5년에 걸쳐 한화 약 2190억 원의 헌 옷 수선비를 지원하고 의류를 생산자 책임 재활용 제도 품목으로 분류해 의류 재고 폐기 시 벌금을 부과하는 등 의류 폐기물을 줄이는 노력을 계속하고 있습니다. 패션의 본고장 프랑스에서 시작된 목표에 전 세계가 동참해야 하지 않을까요?

우리나라에는 리폼 기술을 따로 가르치는 대학이나 전문 기관이 없습니다. 그런 만큼 20년간 리폼을 연구하고 발전시킨 경력을 가지고 제자 양성을 통해 대한민국이 환경 운동에 앞장설 수 있도록 노력하겠습니다. 여러분도 함께해주신다면 얼마나 좋을까요.

옷을 살 때는 최소한 몇 년 입을 수 있는 질 좋은 것을 사고, 부득이하게 버려야 할 때는 재활용해 쓰시기를 권하고 싶습니다. 많은 사람이 리폼하는 법을 알게 된다면 매 시각 낭비되고 있는 의류가 다시 태어날 기회를 얻을 수 있을 뿐 아니라 지구환경을 지키는 데 도움이 되지 않을까요?

어느 날 갑자기
유튜브 210만 채널 운영자가
되었습니다

- 저자 양재빈 -

초등학교 시절이었습니다. 방학 숙제로 엄마에게 커다란 인형을 만들자고 했어요. 잘 시간도 없이 열심히 일하던 엄마는 고된 몸을 이끌고 안 쓰는 큰 이불보로 저와 함께 인형을 만들어주셨습니다. 엄마는 그때도 늘 재활용을 통한 리폼을 하셨거든요. 엄마와 함께 만든 봉제 인형은 정말 근사했어요. 모두가 부러워했죠. 방학 숙제 전시 기간이 끝나자 저희 반 담임선생님은 제 인형을 더 큰 대회에 전시하고 싶어 하셨습니다. 저는 어린 마음에 절대 낼 수 없다면서 인형을 품에 안아 들고 집으로 도망가버렸습니다. 저에게 그 인형은 단순한 인형이 아니라, 늘 바쁜 엄마와 함께한 시간이 담긴 추억이었거든요.

그래서 그랬는지 어른이 되어 세운, 거창할 것 없는 첫 목표는 바로 '엄마와 함께하는 시간'을 확보하는 것이었습니다. 어릴 적부터 너무나 바쁜 엄마였기에 성인이 된 후엔 엄마와 시간을 조금이라도 더 보내고 싶었거든요. 가장 가까워야 할 모녀였지만 어릴 적부터 청소년기까지 엄마와 함께 살지 못했기 때문에 자연히 서로에 대해 잘 모를 수밖에 없었죠. 엄마와 함께할 방법을 찾던 중 영상을 찍어 유튜브에 올리면 좋 겠다는 생각이 들었습니다. 채널이 잘되든 안되든, 우리 가족에게 분명 추억이 될 듯했습니다. 그렇게 엄마의 가게를 찾아가 유튜브를 찍자고 휴대전화 카메라 를 들이밀었습니다. 엄마는 갑자기 무슨 유튜브냐며 손사래를 치셨지만, 잘되면 돈을 많이 벌 수 있다며 엄마를 현혹했죠.(웃음)

그 당시 저는 미싱으로 작은 동물 소품과 용품을 만들어 쇼핑몰을 하고 있었 습니다. 피는 못 속인다고, 엄마와 저에게는 미싱이라는 공통분모가 있었던 것 이죠.

엄마는 옷장에 넣어둔 낡은 청바지를 가져와 쓱싹쓱싹 자른 뒤 치마를 만드 셨습니다. 어릴 적부터 엄마와 커플 룩으로 만들어 입고 다니던 것과 똑같은 것 이었어요. 삼각대도 없어 손으로 들고 몇 시간 동안 영상을 찍었습니다. 당시 편 집 프로그램을 다룬 적이 없던 저는 허술하고 조잡한 편집으로 영상을 업로드했 습니다.

하지만 말 그대로 대박이었습니다. 처음에는 조회 수가 몇십 회에 그치던 영 상이 몇천, 몇만 회까지 갔습니다. 재미가 붙은 저희는 틈만 나면 엄마와 함께 영상을 만들었습니다. 엄마의 뒤를 이어 저도 열심히 작품 활동을 하는 섬유공 예 작가가 된 후에도 같이 영상을 만들었습니다. 그러다 어느 순간 저 혼자로는 감당하기 힘들어져 남동생과 셋이 채널을 꾸리다 보니 구독자는 210만이라는 엄청난 수로 불어나 있었습니다.

그렇게 이 책이 탄생하게 되었습니다. 그동안 만
든 몇백 개의 영상 중 가장 인상 깊고 초심자도
쉽게 따라 할 수 있는 내용으로 가득 채웠습니다.

　환경오염이 심각한 문제로 대두되는 이때, 모두가
리폼의 재미를 알게 된다면 좋겠습니다. 세상에는
버릴 것이 하나도 없으며, 새롭게 활용해 새 생명
을 불어넣는 것은 정말 보람찬 일이니까요!

재봉
기초 지식

1. 재봉에 필요한 도구

옷을 만들기 위한 패턴 제작과 제도를 쉽게 하는 데 필요한 도구를 정리했습니다. 다양한 도구를 용도에 맞게 사용하면 시간과 노력이 절약될 뿐만 아니라 옷을 정확하게 만드는 데도 도움이 될 거예요. 다양한 도구의 쓰임새를 익혀 원하는 대로 표현해볼까요?

① 대나무 곡자	치마 선과 바지 선 등 자연스러운 선을 그을 때 사용해요.
② 모눈자(방안자)	치수를 재거나 패턴을 옮겨 그릴 때 사용해요.
③ 재단 가위(원단용 가위)	원단을 자르거나 가윗밥을 낼 때 사용해요.
④ 테이프 심지(다대 테이프), 접착 심지	늘어나는 원단을 고정할 때 다림질해 사용해요.
⑤ 핀 쿠션	시침핀이나 바늘을 꽂아두는 쿠션이에요.
⑥ 실 뜯개	잘못 박힌 실을 깔끔히 제거할 때 사용해요.
⑦ 초크, 초크 펜슬	원단에 패턴이나 표시를 할 때 사용해요.
⑧ 원단용 자(S 모드 자, D 커브 자 등)	S 모드 자는 암홀이나 목 라인을 그릴 때, D 커브 자는 진동둘레나 목둘레 같은 커브를 그릴 때 등 쓰임이 다양해요.
⑨ 줄자	몸의 치수나 패턴의 곡선을 잴 때 사용해요.

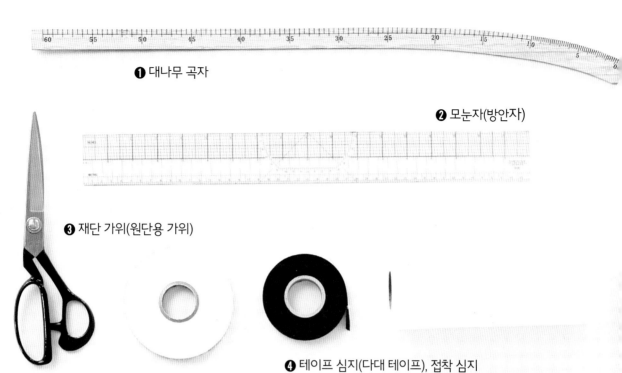

❶ 대나무 곡자

❷ 모눈자(방안자)

❸ 재단 가위(원단용 가위)

❹ 테이프 심지(다대 테이프), 접착 심지

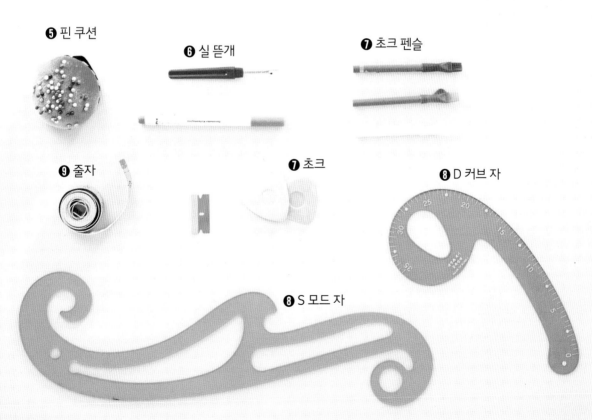

❺ 핀 쿠션

❻ 실 뜯개

❼ 초크 펜슬

❾ 줄자

❼ 초크

❽ D 커브 자

❽ S 모드 자

2. 패턴 익히기

옷 만들기의 기본이지만 어려워 보이는 패턴. 빨간 선을 따라서 그리다 보면 어느 새 패턴이 완성되어 있을 거예요. 내 손으로 만드는 나만의 패턴을 연습해볼까요?

2-1. 바지 패턴

· 허리둘레 ⋯ 77cm

· 엉덩이 길이 ⋯ 18cm

· 엉덩이둘레 ⋯ 98cm

· 바지 길이 ⋯ 110cm

♠ 바지 앞판

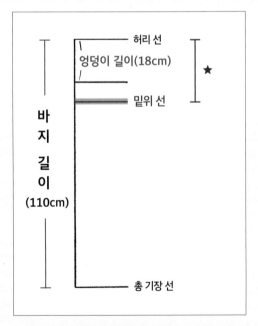

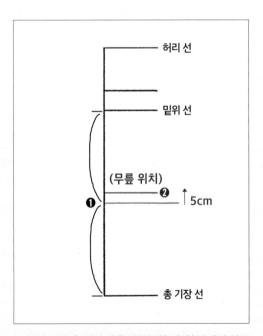

1. 바지 길이와 엉덩이 길이를 표시한 후 식을 참고해 ★을 구한 후 밑위 선을 표시한다.

※ ★ 구하는 법 $\dfrac{엉덩이둘레}{4} + 2\text{~}3\text{cm}$

2. 밑위 선과 총 기장 선을 이등분한 지점(①)에서 위로 5cm 올라간 지점이 무릎 위치(②)다.

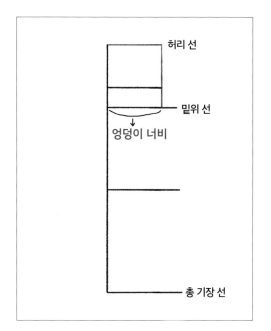

3. 엉덩이 너비를 구해 허리 선부터 밑위 선까지 수직선을 그린다.

※ 엉덩이 너비 구하기 $\dfrac{엉덩이둘레}{4}$ + 0.5cm

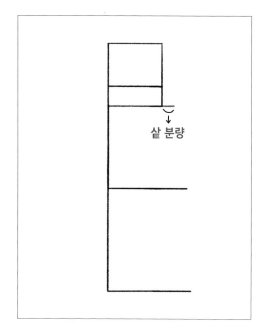

4. 샅 분량을 구해 그 길이만큼 표시한다.

※ 샅 분량 구하기 $\dfrac{엉덩이둘레}{16}$ - 1.5cm

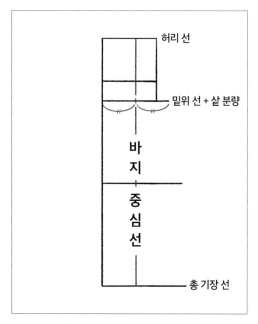

5. 샅 분량+밑위 선을 반 나눈 지점에 바지 중심선의 지점을 표시하고 허리 선부터 총 기장 선까지 수직으로 중심선을 그린다.

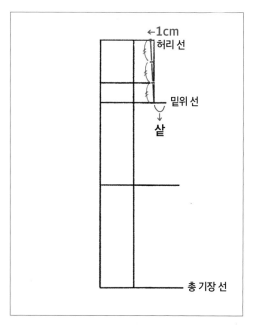

6. 그림처럼 허리 선의 끝 지점에서 안으로 1cm 들어간 곳에 표시하고 밑위 선의 모서리까지 사선으로 그은 후 3등분한다.

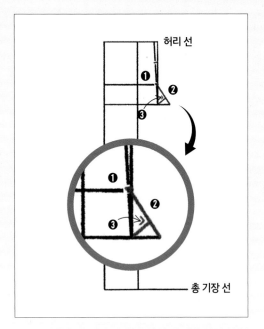

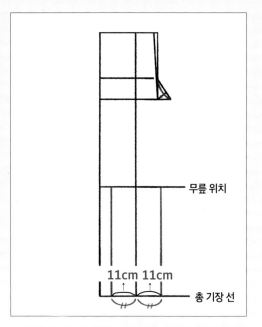

7. 3등분한 곳의 가장 아랫부분(①)과 밑위 선의 샅 분량 끝 지점까지 연결해 선을 긋고(②) 수직선을 하나 더 그어 왼쪽 모서리와 잇는다(③).

8. ⑦에서 그은 수직선을 3등분한 지점 중 첫 번째 지점을 이용해 그림처럼 곡선을 그린다. 바지통은 무릎 선에서 양쪽으로 11cm 긋는다. 바지통은 디자인에 따라 정한다.

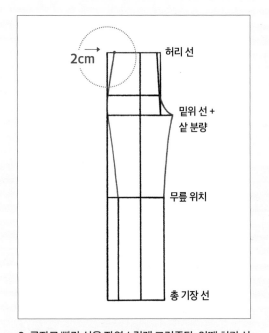

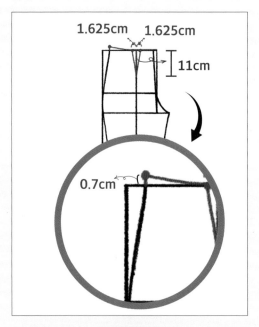

9. 곡자로 빨간 선을 자연스럽게 그려준다. 이때 허리 선의 왼쪽 지점은 그림처럼 안으로 2cm 들어간 지점에서 시작한다.

10. 허리 선이 2cm 들어간 지점에서 0.7cm 올려 자연스럽게 허리 선을 그리고 다트를 그려준다.

※ WL(허리 라인) 구하는 법 $\dfrac{\text{허리둘레}}{4}$ +0.5cm + 3cm(다트)

*나머지 분량만큼 허리로 들어와서 그려준다.

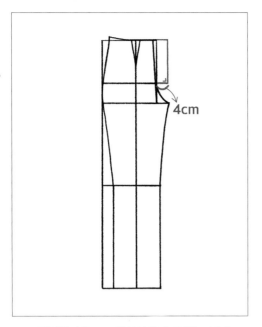

11. 그림처럼 가로 4cm 길이의 앞 지퍼단을 그린다.

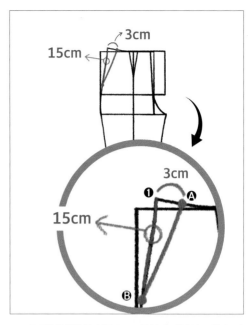

12. ① 지점에서 안으로 3cm 들어간 지점인 A와 ① 지점에서 세로로 15cm 떨어진 B를 곡자로 연결해 앞판 주머니를 그려준다.

♠ 바지 뒤판

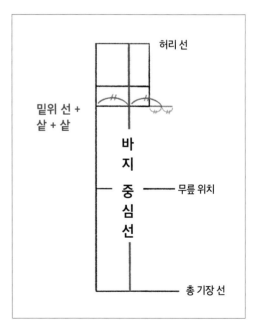

13. 바지 앞판을 완성한다.

1. 앞판과 똑같이 바지 중심선까지 표시하고 샅 길이를 한번 더 연장해서 그린다.

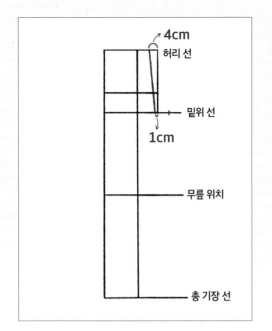

2. 그림처럼 허리 선에서 4cm 들어간 부분과 밑위 선에서 1cm 들어간 부분을 연결한다.

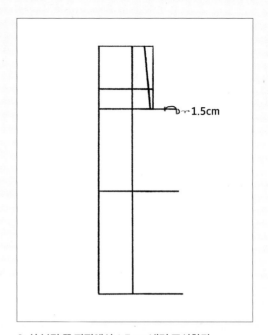

3. 샅 분량 끝 지점에서 1.5cm 내려 표시한다.

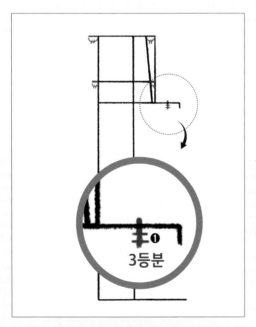

4. 추가한 지점(①)을 3등분하고 그림처럼 허리 선과 엉덩이 선에 각각 표시된 길이만큼 추가로 그린다.

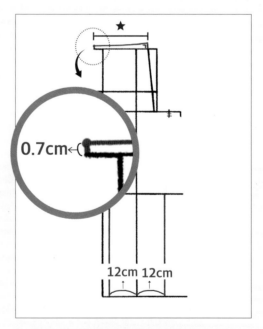

5. ★을 구해 그림대로 표시하고, 앞판 바지통이 11cm였다면 뒤판 바지통은 12cm로 그려준다.

※ ★(허리둘레) 구하는 법 $\dfrac{허리}{4}$ + 0.5cm + 다트

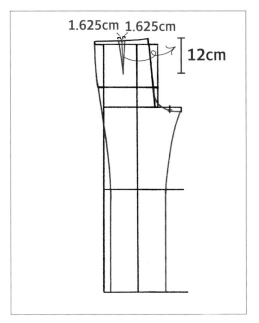

1.625cm 1.625cm

12cm

6. 그림처럼 다트를 그리고 나머지를 연결해 패턴을 완성한다.

7. 바지 허리에서 4cm 내려 허릿단을 만들어 완성한다.

2-2. 상의 패턴

※ 66 사이즈 기준
※ B = 전체 가슴둘레

· 가슴둘레 ··· 88cm(B/2 = 44)   · 앞품 ··· 34cm(앞품/2 = 17)

· 등길이 ··· 38cm   · 어깨너비 ··· 38cm

· 뒤품 ··· 36cm(뒤품/2 = 18)   · 유폭 ··· 18cm(유폭/2 = 9)

♠ 상의 뒤판

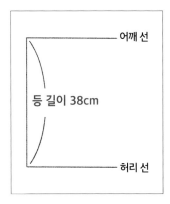

등 길이 38cm

어깨 선

허리 선

1. 등 길이를 표시해 허리 선을 그린다.

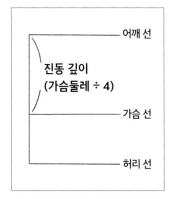

어깨 선

진동 깊이
(가슴둘레 ÷ 4)

가슴 선

허리 선

2. 가슴둘레를 4등분해 진동 깊이를 구하고 그림처럼 가슴 선을 그린다.

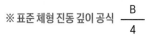

※ 표준 체형 진동 깊이 공식 $\dfrac{B}{4}$

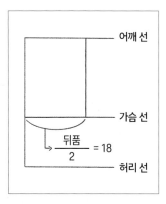

어깨 선

가슴 선

$\dfrac{뒤품}{2}$ = 18

허리 선

3. 등 너비를 표시하고 어깨 선부터 가슴 선까지 수직으로 그린다.

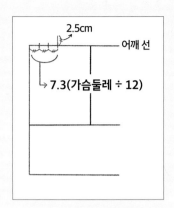

4. 가슴둘레를 12등분해 뒷목 라인을 그리고 그림처럼 3등분한다.

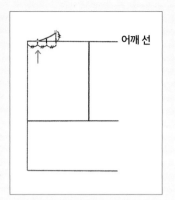

5. 화살표 지점에서 자연스럽게 연결해 그림처럼 그려준다.

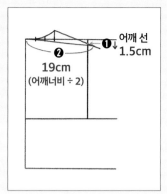

6. 1.5cm 지점에서 옆 목점과 연결해준다.

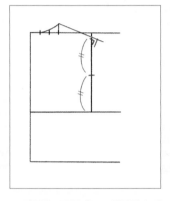

7. 뒤품을 2등분하고 그림처럼 수직 지점을 표시한다.

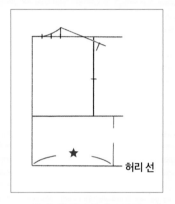

8. ★을 구해 허리 선에 표시하고 수직으로 선을 그려준다.

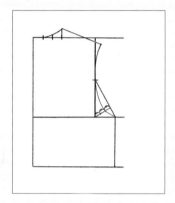

9. 그림처럼 암홀을 자연스럽게 그려준다.

$$※ ★ 구하는 법 \quad \frac{가슴둘레}{4} + 여유분 \, 0.5cm$$

♠ 상의 앞판

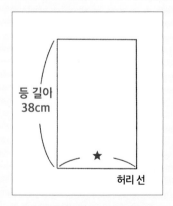

1. 그림처럼 앞판 박스를 그려준다.

$$※ 별 구하기 \quad \frac{가슴둘레}{4} + 여유분 \, 1.5cm$$

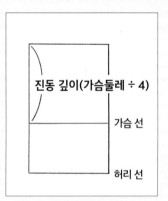

2. 가슴둘레를 4등분한 길이로 표시하고 가슴 선을 그려준다.

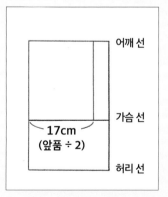

3. 앞품을 2등분한 길이만큼 가슴 선에 표시하고 수직으로 그린다.

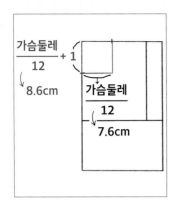

4. 목 라인을 위한 박스를 그림처럼 그려준다.

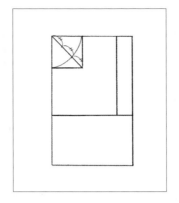

5. ④의 박스에 사선을 긋고 이를 3등분한 첫 번째 지점을 각 모서리와 연결해 그림처럼 자연스럽게 그려준다.

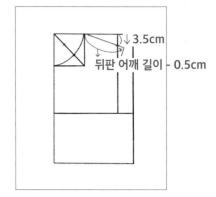

6. 어깨 선에서 3.5cm 내린 지점에서 뒤판 어깨 길이보다 0.5cm 작게 그려준다.

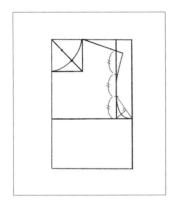

7. 자를 이용해 어깨와 암홀을 그림처럼 자연스럽게 그려준다.

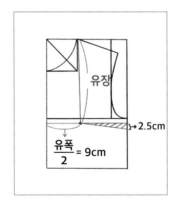

8. 그림을 참고해 암홀 끝 지점에서 2.5cm 내려 다트를 그려준다.

9. 그려준 다트만큼 허리 선 아래로 밑단을 늘려 그려준다(앞 처짐은 2.5cm).

2-3. 소매 패턴

· 소매길이 ⋯ 60cm

· 뒤 암홀 ⋯ 24cm

· 앞 암홀 ⋯ 22cm

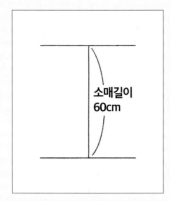

1. 소매길이를 정해 그림처럼 표시
한다.

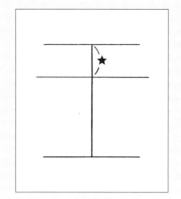

2. 소매 산을 그려준다.

※ 소매 산 구하기 $\dfrac{\text{앞암홀} + \text{뒤암홀}}{3}$

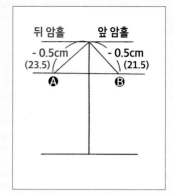

3. 그림처럼 A와 B를 표시하고 사선
을 그린다.

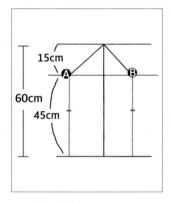

4. A와 B에서 각각 수직선을 그은
후 전체 소매길이(60cm)를 2등분
해 표시한다.

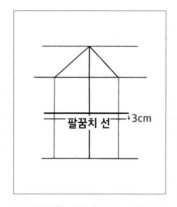

5. 2등분한 지점에서 3cm를 더해
팔꿈치 선을 표시한다.

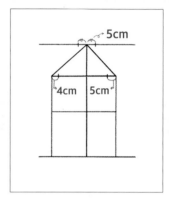

6. 그림대로 표시한다.

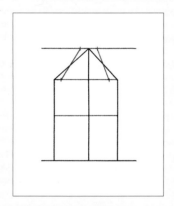

7. 표시한 선끼리 연결한다.

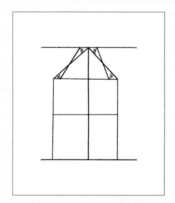

8. 암홀 둘레 선을 그릴 위치를 그림
처럼 표시한다.

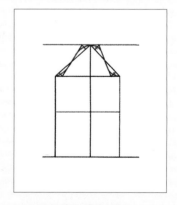

9. S 모드 자로 자연스럽게 그려 소
매 기본 패턴을 완성한다.

2-4. 스커트 패턴

· 허리둘레 ··· 76cm

· 엉덩이 길이 ··· 18cm

· 엉덩이둘레 ··· 98cm

· 스커트 길이 ··· 55cm

1. 그림을 참고해 허리 선에서 스커트 길이만큼 수직선을 그리고 밑단 선을 그려준다.

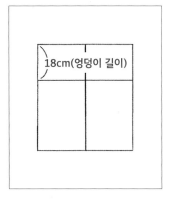

2. 엉덩이 길이를 표시해 그림처럼 선을 그려준다.

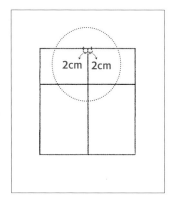

3. 가운데 선에서 양쪽으로 2cm를 표시한다.

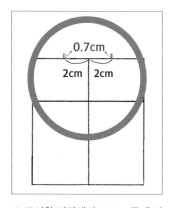

4. 표시한 지점에서 0.7cm를 올려 표시한다.

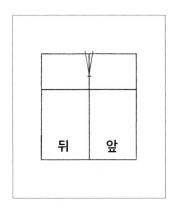

5. 옆 선을 자연스럽게 굴려 그림처럼 그려준다.

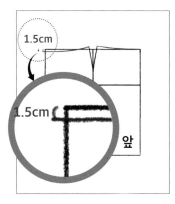

6. 그림처럼 허리를 그린다(뒤판은 1.5cm 내려 자연스럽게 그려주세요).

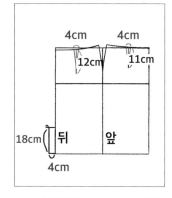

7. 앞뒤 다트를 그려 스커트 패턴을 완성한다.

$$\frac{허리둘레}{4} + 여유분\,0.5cm + 다트$$

※ 다트는 옆선 2cm 들어가고 남은 부분을 이등분해 다트를 그린다.

3. 부분 봉제

이번에는 부분 봉제하는 법을 익혀볼까요? 가방 바닥 면과 안주머니, 지퍼 달기
와 바이어스 달기를 배워두면 무엇이든 만들 수 있을 거예요. 어렵지 않지만 어디
서도 알려주지 않는 부분 봉제법, 유용하게 사용할 수 있는 기법만 준비했어요.
이제부터 차근차근 보여드릴게요.

♠ 가방 바닥 만들기

1. 가방 겉면 2장을 마주 대고 점선
대로 박음질한다.

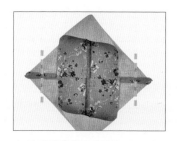
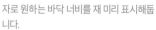

2. 위 점선처럼 바닥 면을 만들 만큼
초크로 표시해 박음질한다.
자로 원하는 바닥 너비를 재 미리 표시해둡
니다.

3. ②에서 박음질한 부분에 시접을
1cm 남기고 잘라 바닥을 완성한다.

♠ 가방 안주머니 만들기

1. 겉면에 안주머니 천을 대고 사진처럼 지퍼 달 부분을 네모나게 표시한다.

2. ①에서 표시한 대로 겉면과 안주머니 천을 박음질한다.
이때 지퍼는 대지 않습니다.

3. 사각형의 반(가운데)에 선을 긋는다.

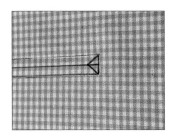

4. 사각형의 양 끝부분에 사진처럼 삼각형을 그린다.

5. 사진처럼 가운데 선과 삼각형 윗면, 아랫면을 잘라준다.

6. 자른 부분으로 안주머니 원단을 넣어 뒤집는다.

7. 다림질한다.

8. 지퍼를 대고 둘레를 박음질한다.

9. 안주머니 테두리를 점선대로 재봉해 완성한다.

10. 완성

안주머니를 미리 오버로크나 지그재그, 말아 박기 등으로 마감해두면 좋습니다.

♠ 바이어스 만들기

1. 바이어스 방향(원단이 늘어나는 방향)으로 삼각형을 접어 자른다.
바이어스 방향을 잘 지킵니다.

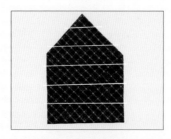

2. 사진처럼 삼각형의 두 모서리를 편지봉투 모양으로 겹쳐 접은 후 원하는 폭으로 선을 긋는다.

3. ②의 선대로 재단한다. 맨 아랫부분은 펼쳐 가운데를 잘라준다.

<선택 사항>

4. 사진처럼 겉끼리 모서리를 겹쳐 마주 보고 박음질해 바이어스를 연결한다.

5. 튀어나온 시접 끝을 잘라서 완성한다.

♠ 바이어스 달기

1. 바이어스를 준비해 위아래를 마주 접어 다림질한다.

2. 끝을 맞추어 겉감의 안쪽 면과 바이어스를 맞댄 후 점선대로 바이어스의 접힌 부분 안쪽으로 재봉한다.

3. 겉감의 겉면 쪽으로 말아서 상침해 바이어스를 완성한다.
튀어나온 부분은 잘라 정리합니다.

♠ 지퍼 달기

1. 콘솔 지퍼를 납작하게 다림질해 준비한다.

2. 지퍼를 달아줄 부분을 겉면에 초크로 그린다.

3. 왼쪽 지퍼부터 ②의 선에 맞춰 대고 박음질을 시작한다.
재봉틀을 지퍼 노루발로 바꿉니다.

4. 최대한 지퍼 이빨에 붙여 박음질한다.

5. 반대쪽 지퍼를 평행으로 놓고 시침핀으로 고정한다.

6. 같은 방식으로 반대쪽 지퍼도 박음질해 완성한다.

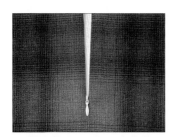

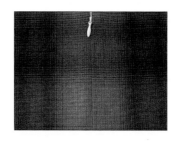

7. 완성

♠ 허릿단 만들기

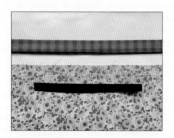

1. 허릿단이 될 원단과 고무줄, 겉감을 준비한다.

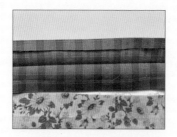

2. 허릿단 원단을 시접만큼 접어 다린다.

3. 겉감의 안쪽 면에 허릿단 원단을 대고 가장 바깥쪽 시접을 박음질한다. 이때 시접에서 0.1cm 간격을 두고 박음질한다.

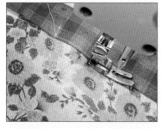

4. 겉감의 겉면 쪽으로 허릿단을 접어 감싸고 창구멍을 남겨 상침한다.

5. 창구멍으로 고무줄을 넣고 마감한다.

6. 허릿단을 완성한다.

※ 앞단을 만들어 고리나 단추를 끼워도 좋습니다.

♠ 상의 길이 줄이기

1. 줄일 상의를 준비한다.

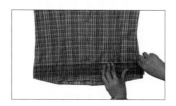

2. 원하는 길이를 표시한다.

3. 여유분을 4cm 준다.

4. 끝부분을 2.5cm 올려 곡자로 굴려 그린다.

5. ④를 재단한다.

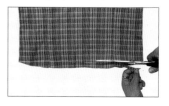

6. 상의를 뒤집어 2.5cm 올린 지점에서 직선으로 재단한다.

7. ⑥을 오버로크 처리한다.

8. 박음질할 곳을 접어 다림질한다.

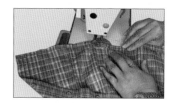

9. 박음질해 완성한다.

♠ 바지 밑단 줄이기

1. 줄일 바지를 준비한다.

2. 줄일 분량을 표시한다.

3. 표시한 선부터 3cm가 되는 부분을 표시한다.

4. ③에서 표시한 선을 재단한다.

5. 바지를 뒤집어 ②에서 표시한 부분을 표시한다.

6. 표시한곳까지 두 번 접는다.

7. 접은 곳을 다림질한다.

8. 바지를 다시 뒤집어 밑단을 박음질해 길이를 줄인다.

♠ 다트 잡기

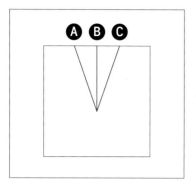

1. 다트 잡을 위치에 다트를 그린다.

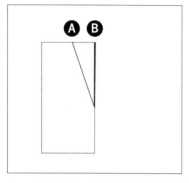

2. B를 축으로 해 접어 A와 C를 맞대고 A
선을 따라 재봉한다.

재봉의 시작과 끝 부분을 미리 표시한 후 재봉하
면 더 쉽습니다. 다트는 끝까지 박되 되박기를 하
지 않습니다.

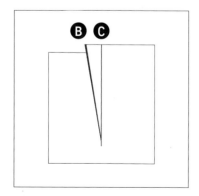

3. 다트를 한쪽으로 꺾어 다림질해 완성
한다.

원단이 두꺼울 경우 가름솔로 마무리합니다.

p. 180

p. 186

p. 174

투피스 p.104, 가방 p. 220

p. 152

p. 236

상 · 하의 p. 082

크로스 백 p. 094

카디건 p. 166, 가방 p. 212

청 재킷 p. 078, 가방 p. 062

p. 090

p. 058

p. 138

p. 074

p. 098

p. 142

PART 01

안 맞는 바지

짧아져서 못 입는
멜빵바지의 변신, 레이스 원피스

리사이클 01

너무 길거나 짧아 못 입는 멜빵바지가 있나요? 이제는 더 이상 버려두지 마세요. 단조로운 일상에 재미를 줄 예쁜 옷으로 다시 태어날 거예요. 기본 재봉 연습하기에도 좋은 작품으로 준비해 리폼에 익숙하지 않아도 쉽게 만들 수 있어요. 천천히 따라 하다 보면 금방 만들 수 있답니다. QR코드를 찍어 영상과 함께 만들어보세요.

소요 시간	약 30분
재료	멜빵바지, 레이스 원단, 안감, 코르사주용 두 가지 원단, 솜

영상 수업 바로 가기

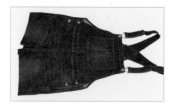

1. 멜빵바지의 허릿단부터 아래로 19cm 떨어진 곳에 표시한다.

2. 주머니 안감이 잘리지 않게 밖으로 빼 ①의 표시를 따라 재단한다.

3. 뒷주머니를 분리해 떼어낸다.

4. 떼어낸 주머니를 접어 박기 해 작은 주머니로 만든다.

5. 뒷주머니가 있던 곳에 ④를 붙인다.

6. 레이스 원단을 멜빵의 허리둘레에 맞춰 자른다. 이때 길이는 원하는 대로 자른다.

7. 안감을 준비해 ⑥의 레이스와 같은 크기로 잘라 끝단을 말아 박는다.
허리둘레를 넉넉하게 잡아 다트를 넣어도 좋습니다.

8. ⑦의 오버로크한 안감을 ⑥의 레이스와 겹쳐 멜빵에 박음질한다.
멜빵 위에 레이스와 안감을 차례대로 올린 후 가장자리를 한번에 박음질합니다

9. 레이스와 안감을 뒤집은 후 상침해서 완성한다.

코르사주 만들기

10. 말 모양을 그려 코르사주 도안을 만든 후 도안을 따라 부분별로 원단을 2장씩 재단한다.

11. 다리와 갈기, 꼬리 부분은 각 원단의 안쪽 면이 바깥으로 오도록 맞대 박음질한 후 뒤집어준다(점선-창구멍).

솜을 넣을 부분은 박음질하지 않습니다.

12. 몸통 원단 중 1장을 겉면이 위로 오도록 둔 후 갈기와 꼬리를 올린다. 이때 갈기와 꼬리의 방향은 사진처럼 몸통 안쪽으로 향하도록 한다(점선-창구멍).

꼬리는 끝부분을 한번 묶으면 더 예쁩니다.

13. 나머지 몸통 원단을 ⑫ 위에 올려 창구멍을 제외한 가장자리를 박음질한 후 뒤집어 솜을 넣는다. 다리에도 솜을 넣어 몸통의 창구멍으로 넣고 박음질해 연결한다.

물 빠진 청치마가
멋진 가방으로 변신

리사이클 02

오래되어 물 빠지고 해질수록 좋은 리폼 재료가 될 수 있어요. 청치마를 네모나게 잘라 퀼팅 원단을 만들어 기본 박음질로 쉽고 간단하게 가방을 완성해보세요. 어디에나 들고 다닐 수 있는 실용적인 사이즈로 준비했습니다. 간단한 재봉이지만 어느새 완벽한 작품이 되어 있을 거예요.

소요 시간	2시간
재료	청치마나 청바지 여러 벌, 포인트 원단, 가방 속지, 심지, 지퍼(안주머니용), 자석 단추, 똑딱이 단추(선택)

영상 수업 바로 가기

1. 청치마의 양 옆 선을 잘라 앞·뒷면을 분리한 후 각각 반으로 재단해 준비한다.
총 네 덩어리가 나오도록 합니다.

2. ①에서 손질한 청치마 원단의 밑단을 잘라 정리한다.

3. 원하는 크기(가로 32cm, 세로 24.5cm 내)의 도안을 만들어 벽돌 모양으로 선을 그은 후 선을 따라 오린다.
도안에 숫자로 순서를 표시해두면 원단을 박음질할 때 편리합니다.

4. ③에서 오린 도안을 청바지 원단과 포인트 원단에 하나씩 대고 초크로 테두리를 표시한 뒤 재단한다. 이때 시접을 위해 테두리보다 1cm 더 넓게 재단한다. 도안별로 2장씩 재단해 준비한다.

5. 두 원단의 겉면이 서로 마주 보도록 맞대 오른쪽 면만 박음질한 후 윗원단을 오른쪽으로 넘긴다. 넘긴 원단 위에 다시 다른 원단을 겹친 후 동일한 방식으로 박음질해 오른쪽으로 넘긴다.
초크로 표시했던 선 위에 박음질합니다.

6. ⑤를 여러 번 반복한 후 도안 순서대로 원단을 연결해 본판을 만든다. 그런 다음 동일한 방식으로 본판을 1개 더 만든다.

7. 청바지 다리 부분을 재단해(가로 81cm, 세로 10cm) 옆판을 만든 후 크기에 맞게 심지를 준비해 붙인다.

8. 본판에도 각각 심지를 붙여 준비한다.

9. 심지를 붙인 옆판과 2개의 본판을 재봉해 이어 붙인다.
가방 모양이 나오도록 이어 붙여줍니다.

10. 가방 속지도 사이즈에 맞게 재단해 옆판과 본판을 이어 붙인 후 뒤집는다. 이때 한쪽 면에 점선대로 창구멍을 남긴다.

본판에 안주머니를 먼저 만들어 붙인 후 옆판과 이어 붙여줍니다(부분 봉제 - 안주머니 p.31).

11. 원하는 가방끈 길이로 청바지를 재단하고(총 4장) 겉면끼리 마주 보게 2장씩 대 테두리를 박음질한다. 이때 점선으로 표시된 창구멍은 박음질하지 않는다.

12. ⑪을 창구멍으로 뒤집는다.

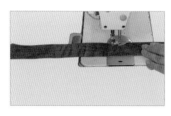

13. 뒤집은 테두리를 일자 박기 해 가방끈을 완성한다.

완성된 끈은 총 2개입니다.

14. 가방끈을 ⑨에 박음질해 붙인다.

15. ⑩의 속지 안에 ⑭의 가방을 넣어 입구(사진에 표시된 부분)를 박음질한다.

사진에 표시된 두 부분을 겹쳐 돌려가며 박음질합니다.

16. 창구멍으로 속지를 뒤집은 후 속지의 창구멍을 막는다. 그런 다음 가방 안으로 속지를 넣고 입구 가장자리에 박음질을 한번 더 해 단단하게 만든다.

17. 입구에 자석 단추를 달아 가방을 완성한다.

가방 옆면에 각각 똑딱이 단추를 달면 더 맵시가 납니다.

안 입는 청바지로
귀여운 가방 만들기

리사이클 03

안 입는 청바지의 무궁무진한 변신! 가장 베이식한 디자인이지만 원단과 청바지 색상에 따라 분위기가 달라져요. 당장 청바지를 꺼내보세요. 어디든 가볍게 들고 다닐 수 있는 가방이 될 거예요. 여름에 들면 더 예쁜 청 스트링 가방과 함께해보세요. 내 손으로 만든 가방을 들면 매일이 산뜻해질 거예요.

소요 시간	1시간
재료	청바지, 원단, 스트링 끈, 20호 아일릿(선택)

영상 수업 바로 가기

1. 청바지를 허리부터 아래로 35cm 떨어진 지점을 재단해 허리와 다리 부분으로 나눈다.

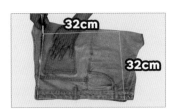

2. 허리 부분(겉면)을 가로 32cm, 세로 32cm로 재단해 정리한다.

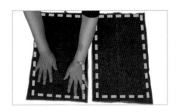

3. 다리 부분(가로 32cm, 세로 50cm) 을 오버로크한다.

4. ②의 허리 부분을 점선을 따라 주머니 모양으로 재봉한다.

5. ③도 ④와 같은 방식으로 주머니 모양을 만든다.

6. 허리와 다리 부분의 바닥 양쪽 모서리 부분을 눕혀 점선대로 14cm 박음질한 후 시접 1cm를 남기고 재단한다.

7. 다리 윗부분에 달아줄 원단을 가로 32cm, 세로 15cm로 2장 준비한다.

8. 원단의 올 풀림을 방지하기 위해 오버로크 마감한 후 다리 부분과 겉끼리 마주 보고 재봉한다.

가정용 미싱은 지그재그를 이용해도 좋습니다.

9. 끈이 들어갈 박음질 선을 폭 4cm 간격으로 2개 표시하고 아일릿을 달 위치도 표시한다.

10. 아일릿을 달아준다.

아일릿이 없으면 송곳이나 가위로 잘라 뚫어도 좋습니다.

11. ⑨에서 표시한 두 줄 선을 따라 재봉한다.

12. 가로 75cm, 세로 5cm로 재단한 청 원단 4장을 서로 마주 보게 놓고 테두리를 재봉해 가방끈을 2개 만든다(점선의 창구멍은 재봉하지 않고 남긴다).

13. 창구멍으로 뒤집고 다림질한 후 창구멍을 막아 가방끈을 완성한다.

14. 가방끈을 허리 부분에 달고, 아일릿 구멍으로 스트링 끈을 넣어 완성한다. 허리 부분으로 만든 가방에 다리 부분으로 만든 가방을 넣으면 완성.

클립을 끼워 통과시키면 쉽습니다.

낡은 청바지를
데일리 백으로 재탄생시키기

리사이클 04

낡아서 잘 입지 않는 청바지가 있나요? 어떤 물건이든 가득 넣어도 좋은 넉넉한 가방으로 재탄생시켜보세요. 간단한 재봉법만 익히면 금방 만들 수 있어요. 멋스러운 재질이라 정장에도 캐주얼한 옷에도 코디할 수 있죠. 책, 노트북 등 어떤 것이든 수납할 수 있어 활용도도 높습니다. 취향과 생활 패턴에 따라 사이즈를 조절해 만들어보세요.

소요 시간	1시간
재료	청바지, 속지(방수 천·가방 속지 등)용 원단, 바이어스 원단, 가방끈, 지퍼

영상 수업 바로 가기

1. 바지 밑단부터 44cm가 되는 지점에 초크로 선을 긋고 재단한다. 허리 부분도 이와 비슷한 크기로 재단해 준비한다.

다리 부분 2개, 허리 부분 2개로 총 4개를 준비해야 합니다.

2. 잘라놓은 4개 덩어리의 옆 선을 각각 가위로 잘라 펼쳐준다.

3. ②의 원단 중 다리 원단 1개와 허리 원단 1개를 서로 옆으로 놓고 박음질로 연결해 겉감을 만든다. 같은 방식으로 1장 더 만든다.

4. ③에서 만든 2개의 겉감을 각각 가로 53cm, 세로 44cm로 재단해 정리한다.

5. 속지용 원단을 ④의 겉감에 대고 같은 크기로 2장 잘라 안감을 만든다.

청 원단이 두꺼워 얇은 가방 속지도 가능해요. 방수 천을 사용해도 좋아요.

6. 2장의 겉감을 서로 겉면이 마주 보게 놓고 점선대로 박음질한다. 안감도 같은 방식으로 박음질해 준비한다.

박음질할 때 시접 1~2cm는 남겨둡니다.

7. 겉감의 바닥 부분 모서리를 6cm 길이로 재봉하고, 시접 0.5cm를 주어 잘라낸다. 안감도 같은 방식으로 재봉하고 잘라낸다.

8. 안감의 한쪽 겉면에 안주머니용 원단을 대고 지퍼 위치를 표시한 후 지퍼 테두리를 재봉한다.

이때 안주머니용 원단과 안감은 서로 겉면을 마주 보도록 해서 댑니다.

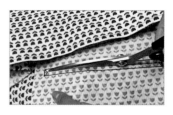

9. 지퍼가 들어갈 곳의 가운데에 선을 긋고 양 끝에 삼각형으로 표시한 후 가운데 선과 삼각형을 재단한다.

안주머니 원단뿐만 아니라 안감까지 한번에 겹쳐 재단합니다(p. 31 참고).

10. ⑨에서 재단한 구멍으로 안주머니 원단을 넣어 뺀 후 지퍼를 대 박음질한다.

이때 지퍼가 안감 밑으로 가도록 대고 박음질해주세요.

11. 주머니용 원단을 접어 테두리를 막아 주머니 모양을 만든다.

긴 원단을 반으로 접어 주머니 모양을 만들어도 좋고, 원단 2장을 박음질해 붙여도 좋습니다.

12. 안감과 겉감의 바닥 부분을 양쪽 모서리를 박음질해 서로 고정한다.

13. 겉감의 안에 안감이 들어가게 뒤집은 후 바이어스를 달아준다.

바이어스 부분 봉제(p.32) 참고

14. 가방끈을 달아 완성한다.

검은색 바지 허릿단을 이용했어요. 남은 청바지를 활용해도 좋아요.

15. 바지 벨트 고리 부분이나 부자재로 장식해 완성한다.

청바지로 만드는
예쁜 옷 한 벌

리사이클 05

옷장 속 해지거나 줄어들어 못 입는 청바지들을 꺼내보세요. 예쁜 옷 한 벌로 재탄생시킬 수 있어요. 복잡하지 않으니 차근차근 따라 해보세요. 그림 그리기가 어렵다면 간단한 원단 패치를 넣어 꾸며도 좋아요. 조금은 특별한 날에 이 옷을 꺼내 입어보세요. 어디서든 반짝반짝 빛날 거예요. 내가 만든 옷과 일상을 함께한다니, 정말 멋지지 않나요?

소요 시간	2~3시간
재료	청바지 여러 벌, 단추, 퀼팅 원단, 폭 4cm 바이어스, 지퍼나 고무줄, 심지, 레이스나 리본, 허릿단용 원단

영상 수업 바로 가기

1. 청바지 여러 벌을 잘라 준비한다.

2. 조각조각 잘라 준비한다.

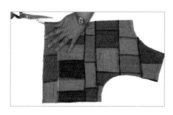

3. ②를 이어 붙여 원단을 만든다.

4. 기본 상의(p. 25) 패턴을 그린다.

5. 어깨선과 옆 선을 재봉한 다음 시접을 오버로크나 지그재그로 마감한다.

6. 조끼의 진동, 목 부분에 폭 4cm 바이어스를 친다.

바이어스 부분 봉제(p. 32) 참고

7. 레이스나 리본으로 라인을 장식하고 밑단을 단다.

8. 단추를 달아 완성한다.

9. 자른 청바지를 재봉해서 연결하고, 기본 스커트(p. 29) 패턴으로 자른다.

10. 초크로 디자인해 잘라낸다.

11. 퀼팅 원단을 뒷면에 덧댄다.

12. 심지를 붙여 단단히 고정한다.

13. 지그재그나 손바느질로 재봉한다.

14. 원하는 그림을 그려 마무리한다.

15. 허릿단으로 사용할 원단에 심지를 붙이고 재봉해준다.
허릿단 부분 봉제(p. 34) 참고

16. 허릿단을 만들어 붙여준다.
고무줄 대신 지퍼를 달아도 좋습니다.

17. 밑단을 오버로크하거나 말아 박기 하고 장식해 치마를 완성한다.

찢어진 청바지가
화려한 청 재킷으로

리사이클 06

찢어지고 닳은 청바지의 변신은 무죄! 청바지로 예술적인 청 재킷을 만들어볼까요? 청바지를 잘라 패치해 큰 원단으로 만드는 것이 조금은 복잡해 보이지만 차근차근 하다 보면 금방 손에 익을 거예요. 허리 라인을 깊게 잡으면 여성스럽게 연출할 수 있고, 일자로 잡으면 남성스러운 재킷을 만들 수 있어요. 만드는 법이 어렵다면 QR코드를 찍어 영상을 보고 따라 해보세요.

소요 시간	3시간
재료	청바지 여러 벌, 원단, 폭 6cm 바이어스, 단추, 심지, 안감용 원단

영상 수업 바로 가기

1. 색이 다른 청바지 여러 벌을 가로 12cm, 세로 14cm로 18장 자른다 (시접 1cm 포함).

2. 원단에 심지를 붙이고 ①과 같은 크기로 자른다.

3. ①과 ②의 자른 원단을 이어 붙여 몸판 크기 정도로 퀼팅한다.

4. 기본 상의(p. 25) 패턴을 그려 몸 판을 재단한다.

5. 점선대로 어깨선을 맞추어 봉합 한 후, 시접을 한쪽 방향으로 넘겨 다 리거나 가름솔한다.

6. 점선대로 다트를 잡는다.
다트 부분 봉제(p. 37) 참고

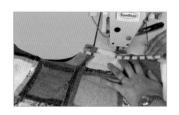

7. 점선대로 옆 선을 봉합한다.

8. 소매를 재봉한다.
기본 소매(p. 27) 패턴 참고

9. 몸판에 소매가 달릴 위치를 체크 한다.
이세를 넣어도 좋습니다. *이세: 어깨 부분 을 널널하게 만들고 실을 당겨서 봉긋하게 만드는 양장방법.

10. 어깨선을 맞춰 소매를 달아준다.

11. 같은 방식으로 안감을 만든다.

12. 겉감과 안감을 맞추고 폭 6cm
바이어스로 봉합한다.
바이어스 부분 봉제(p. 32) 참고

13. 주머니를 달아 마무리한다.
주머니에 단추를 달아 장식하면 더 좋습니다.

□ EASY   □ MEDIUM   □ HARD

얼룩진 청바지로 만드는
여름옷

리사이클 07

얼룩이 안 빠지거나 구멍 나서 고민인 옷이 있나요? 얼룩 위에 원단을 덧대 리폼해보세요. 바지를 두 부분으로 나눠 리폼하면 멋진 여름옷 한 벌이 완성됩니다. 아일릿 스냅기가 없다면 핸디형 스냅기를 이용해보세요. 작은 종이부터 옷 위까지 다양하게 사용할 수 있습니다. 무릎 위로 올라오는 짧은 바지로 만들어 여름에 시원하게 코디할 수도 있고, 길고 넉넉하게 만들어 편하게 입을 수도 있어요. 내가 만든 옷과 함께하는 여름이라면, 조금은 특별하게 보낼 수 있지 않을까요?

소요 시간	2시간
재료	청바지, 원단 조각, 폭 4cm 바이어스, 아일릿, 리본

영상 수업 바로 가기

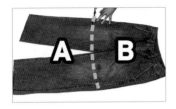

1. 바지 밑단부터 50cm로 재단해 A, B 부분으로 나눈다.

2. B의 뒷주머니를 떼어낸다.
밑단의 실밥을 멋스럽게 정리합니다.

3. B의 옆 선에 4cm 폭으로 2개의 선을 그은 후 선을 따라 5cm 간격으로 구멍을 뚫어 아일릿을 박는다.

4. A 위에 기본 상의(p. 25) 패턴을 그린다.

5. S 모드 자나 곡자로 점선처럼 앞판에 목 라인을 그어 재단한다.

6. 앞판에 다트를 잡아준다.
다트 부분 봉제(p. 37) 참고

7. 조각 천을 이어 붙여 퀼팅 원단을 만든다.

8. ⑦의 퀼팅 원단에 안감을 대고 ②에서 떼어낸 주머니를 본뜬 후 실선대로 재봉한다. 이때 점선의 창구멍은 재봉하지 않는다.

9. ⑧을 창구멍으로 뒤집은 후 상침하거나 다려서 준비한다.

10. 조끼 몸판(A)에 주머니를 달아
준다.

11. 어깨에도 ③과 같이 펀칭해 아일
릿을 박는다.

12. 조끼의 어깨와 옆 선을 오버로크
한 후 재봉한다.

13. 폭 4cm 바이어스로 마감한다.
바이어스 부분 봉제(p. 32) 참고

14. 조끼와 바지의 아일릿 구멍에 리
본을 연결해 장식하고 완성한다.

안 입는 코르덴 바지로 귀여운 옷 한 벌과 가방까지 완성

리사이클 08

유행이 지나 안 입는 코르덴 바지가 한 벌씩은 있죠. 절대 버리지 마세요. 완전히 새로운 옷으로 변신할 테니까요. 코르덴 원단의 신축성에 주의하며 리폼해보세요. 코르덴 치마와 가방을 기본 상의나 목 폴라와 레이어드하면 더욱 예쁠 거예요. 큰 원피스가 없다면 비슷한 체크 원단으로 만들어도 돼요. 무슨 재료든 놓치지 말고 재활용해보세요. 리폼이 즐거워질 거예요.

소요 시간	2시간
재료	코르덴바지, 큰 원피스, 폭 5cm 니트 바이어스, 방수 천(또는 가방 안감), 단추, 자석 단추(가방용)

영상 수업 바로 가기

1. 코르덴 바지의 허리부터 아래로 26cm 떨어진 곳을 재단해 A, B로 나눈다.

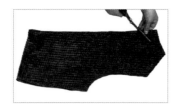

2. A에 기본 상의(p. 25) 패턴을 대고 재단한다.

3. 원피스에서 소매와 치맛단을 잘라낸다.

4. 잘라낸 치맛단 사이즈를 B에 맞추어 재단한다.

5. B와 치맛단이 서로 겉면끼리 마주 보도록 댄 후 가장자리를 박음질해 이어 붙여 치마를 완성한다.

6. ②의 어깨선과 옆 선을 재봉한다.

7. ③에서 잘라낸 소매를 상의에 이어 붙인다.

8. 단춧구멍과 줄을 달고 안단이나 바이어스를 붙여 완성한다.

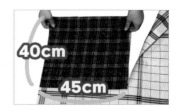

9. 남은 원피스 원단으로 가방 겉감을 가로 45cm, 세로 40cm로 재단하고, 안감으로 쓸 원단이나 방수 천도 같은 크기로 재단한다.

10. ⑨의 겉감과 안감을 ㄷ 자로 일자 박기 한다.

11. 안감과 겉감 모두 모서리를 8cm로 박고 시접 1cm로 자른다.

12. 안감과 겉감의 양쪽 모서리를 연결하고 겉감 속에 안감을 넣는다.

13. 폭 5cm 바이어스나 니트 바이어스로 마감한다.

14. 가방 단추를 달고 연결 고리를 만들어 완성한다.

□ EASY □ MEDIUM □ HARD

물 빠진 멜빵바지
빈티지하게 리폼하기

리사이클 09

물 빠져 색상이 흐려지거나 유행이 지난 멜빵바지가 있나요? 지금 당장 꺼내 트렌디한 멜빵 치마로 리폼해봅시다. 작업할 때 입을 수 있는 편한 앞치마로 만들어도 좋아요. 멜빵바지는 마음에 드는 길이로 재단해주세요. 안 입던 옷도 조금만 손보면 빈티지하고 센스 있는 옷으로 다시 태어날 수 있어요. 이번에는 리폼이 생소하고 어려운 분들에게 도움이 될 수 있도록 쉽게 준비했어요. 그래도 설명이 더 필요하다고 느껴진다면 QR코드를 찍어 영상과 함께해주세요.

소요 시간	약 1시간
재료	멜빵바지, 레이스, 원단, 아크릴물감(선택), 프릴용 원단

영상 수업 바로 가기

1. 허리선에서 아래로 32cm 떨어진 위치에 선을 긋는다.

2. ①의 선을 따라 재단한다.

3. 앞주머니를 떼어낸다.

4. 원단에 뜯어낸 주머니를 대고 본 떠 표시한 다음 시접을 1cm 주어 재단한다.

5. ④의 가장자리 전체를 오버로크 한 후 레이스 장식을 달고 표시했던 모양대로 접어 박음질해 정리한다.

6. ③에 ⑤의 주머니를 달아준다.

7. 프릴로 사용할 원단 윗부분을 마감한다.
말아 박기 노루발을 사용하면 좋습니다.

8. 주름 잡기로 프릴을 만들어 준비해둔다.

9. 원단 겉면에 오버로크를 한다.
가정용 미싱은 지그재그로 마감합니다.

10. 주름 노루발로 주름을 잡아준다.

11. 몸판과 ⑩의 겉면을 마주 보게 대고 연결한 후 원단의 뒤를 이어 붙여 치마로 만든다.

오픈하면 앞치마가 됩니다.

12. ⑧의 프릴을 원단 끝부분에 붙이고 상침한다.

13. 어깨끈을 원단으로 감싸 장식한다.

14. 아크릴물감을 뿌려 장식해 완성한다(선택).

오래된 바지로 만드는
작고 귀여운 크로스 백

리사이클 10

케케묵은 바지를 귀여운 가방으로 만드는 법. 바지 1장이면 충분합니다. 원하는 대로 조금 더 크게도, 작게도 변형할 수 있어요. 마음에 드는 크기의 안주머니를 만들어 달면 더 유용해요. 안주머니 만들기는 31 페이지의 부분 봉제를 보고 익혀보세요. 원하는 캐릭터를 그려 세상에서 단 하나뿐인 나만의 가방을 만들어봅시다!

소요 시간	1시간
재료	청바지, 접착 솜, 주머니용 원단, 지퍼, 가방 부자재(끈·고리), 자수 색실, 장식용 원단, 안감용 원단

영상 수업 바로 가기

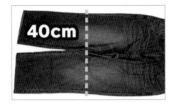

1. 바지 밑단부터 위로 40cm 떨어진 지점을 표시하고 재단한다.

2. 재단한 바지를 가로 32cm, 세로 29cm로 재단한다. 그런 다음 동일한 크기로 1장 더 만든다.

3. 접착 솜을 크기에 맞게 재단해 겉감에 각각 붙여준다.

4. 각각 5cm 간격으로 누벼준다.

5. 안주머니를 만들 원단과 ④의 겉감 중 1장을 마주 대고 지퍼 구멍을 재봉한다.
안주머니 부분 봉제(p.31) 참고

6. 점선을 따라 자른 후 구멍으로 원단을 뺀다.
주머니 원단과 겉감을 겹쳐서 한번에 자릅니다.

7. 지퍼를 달아 주머니를 완성한다.

8. 원단을 대고 주머니를 재봉한다.
원단을 길게 해 반으로 접어 테두리를 재봉해도 좋고, 2장을 겹쳐 주머니로 만들어도 좋아요.

9. 원단에 원하는 그림을 그린다.

10. 원단 2장을 겹쳐 도안대로 박음
질해 뒤집는다(점선-참구멍).

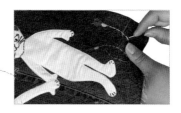

11. ④의 나머지 겉감 1장에 자수를
놓은 후 겉면에 ⑩을 재봉하고 고리
부자재를 달아준다.

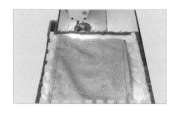

12. 완성된 ⑪을 ⑧ 위에 겉면이 마
주 보도록 대고 점선대로 재봉한다.
안감도 같은 크기로 재단한 후 재봉
해 준비한다. 이때 안감은 창구멍을
남기고 재봉한다.

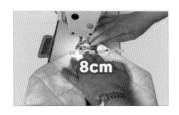

13. 점선처럼 모서리를 8cm로 재봉
하고 시접을 남겨 자른 후 뒤집는다.

14. 겉감을 안감에 넣어 정리한다.

15. 입구 가장자리를 재봉하고 안감
의 창구멍으로 뒤집은 다음 마무리
한다.

못 입는 바지를 리폼해
주방에서 활용하기

리사이클 11

주방이나 작업실에서 꼭 필요한 아이템, 앞치마와 주방 장갑을 만들어볼까요?
못 입는 바지 하나만 있으면 됩니다. 센스 있고 유용한 아이템으로 다시 태어
날 거예요. 손바느질로 할 수 있는 정말 쉬운 리폼이니 간단하게 만들어보세
요. 직접 만든 앞치마를 입고 일하는 내 모습, 기대되지 않나요?

소요 시간	1시간
재료	청바지, 바이어스, 아일릿(또는 고리), 끈, 퀼팅 솜, 안감용 원단

영상 수업 바로 가기

1. 청바지를 A와 B로 나누어 자른다.

2. 점선을 따라 재단한다.

3. B 뒷면을 점선을 따라 재단한다.

4. 바짓가랑이(B) 사이에 A 조각을 덧대 재봉한다.
청바지의 재봉 라인을 따라 재봉합니다.

5. A 조각을 잘라 가슴 부분과 주머니를 재단해준다.

6. 가슴 부분 테두리를 말아 박기 한다. 주머니도 안감을 덧대 테두리를 재봉하고 가슴 부분에 달아준다.

7. ⑥과 몸통을 이어 재봉한다.

8. 바이어스로 테두리를 마감한다.

9. 어깨에 아일릿이나 고리를 달고 끈을 연결한다.

10. 손을 대고 도안을 그린다.

11. 바지에 도안을 대고 2장 재단한다.

12. 창구멍 없이 테두리를 따라 박음질하고 뒤집어 완성한다.

안감 있는 주방 장갑은 조금 넉넉하고 크게 만들어주세요(안감 분량).

냄비 받침 만들기

13. 냄비 뚜껑을 대고 표시해 재단한다. 2장을 준비한다.

14. 두꺼운 솜에 1장을 대 동그랗게 재봉한 후 테두리를 따라 자른다.

15. 나머지 1장을 반대편에 대고 재봉한 후 테두리를 바이어스로 마감한다.

PART 02
철 지난 아우터

트렌치코트 한 벌을
투피스와 가방으로 리폼하기

리사이클 12

길이가 어중간해 손이 잘 안 가는 트렌치코트는 처치 곤란이죠. 두 부분으로 잘라 투피스를 만들고, 잘라낸 팔 부분으로 가방까지 만들 수 있다니, 믿어지시나요? 얼른 안 입는 옷을 꺼내보세요. 특별한 자리에서 입어도 고급스러운 한 벌이 될 거예요. A라인 스커트와 조끼, 버클 달린 가방이 조화를 이룬답니다. 내가 만든 리폼 옷과 함께라면, 가을이 더할 나위 없이 행복할 거예요.

소요 시간	1시간
재료	트렌치코트, 4cm 바이어스, 치마 고리

영상 수업 바로 가기

1. 밑단부터 46cm 되는 지점을 재단해 A, B로 나눈다.

2. B의 양쪽 소매를 잘라낸다.

3. 밑단을 일자 박기 해 고정한다.

4. 허리끈 길이를 허리를 한번 감싼 후 한 뼘 정도 남도록 조절해 자른다.

5. 진동과 밑단을 4cm 바이어스 처리한다.
바이어스 부분 봉제(p.32) 참고

6. 상의를 완성한다.

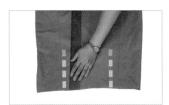

7. A 뒷부분에 길이 10cm짜리 다트선을 일정한 간격으로 2개 표시한다.

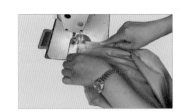

8. 다트를 재봉한다.
다트 부분 봉제(p.37) 참고

9. B에 있던 단추를 A에 옮겨 달아준다.

10. 바이어스로 밑단을 제외한 치마 전체를 마감한다.

바이어스 부분 봉제(p.32) 참고

11. 치마 고리를 달아 완성한다.

12. ②에서 뜯어낸 소매를 펼쳐 가운데를 재단해 넓게 펼친다.

13. 소매를 반으로 잘라 A, B로 나눈다.

14. B를 가로 20cm, 세로 28cm로 재단한 원단과 포개 점선대로 재봉한다.

사진처럼 각각의 겉면이 위로 향하도록 한 후 포개 재봉합니다.

15. 옆 선을 일자 박기 하고 A를 이용해 바닥을 만들어 붙인다.

안과 겉을 뒤집은 상태로 재봉합니다.

16. 바닥과 옆 선을 오버로크나 지그재그로 마감한다.

17. ⑫에서 떼어낸 벨트로 가방끈을 만든다.

18. 가방에 벨트를 달아 완성한다.

트렌치코트를 반으로 잘라
투피스 만들기

리사이클 13

유행이 지나 옷장 깊숙이 넣어둔 트렌치코트를 꺼내보세요. 트렌치코트를 간단히 변형해 세련된 투피스로 만들어볼게요. 이번에는 짧은 코트와 스커트로 구성했어요. 길이가 긴 코트로 만들면 미디엄 핏의 넉넉한 투피스로 연출할 수 있어요. 부담스럽지 않은 디자인으로 리폼해 매일매일 예쁘게 입어보세요.

소요 시간	1시간
재료	트렌치코트, 안감용 원단, 심지, 치마 고리, 회색 원단, 지퍼

영상 수업 바로 가기

1. 원하는 길이를 재 반으로 잘라 A, B로 나눈다.

2. B의 옆 끝 쪽 박음질을 밑단부터 2cm 정도 뜯어낸다.

3. 안감을 밑단부터 2cm 간격을 두고 잘라낸다.

4. 잘라낸 안감을 오버로크한다.
가정용 미싱의 경우 지그재그를 사용해도 좋아요.

5. 안감을 안쪽으로 접어 박음질한다.

6. 겉감도 안쪽으로 접어 밑단을 박음질한다.

7. 상의를 완성한다.

8. A에 스커트 기본 패턴(p. 29)을 참고해 그려낸 후 재단한다.
밑단에 5cm 정도 심지를 붙인다.

9. 사진에 표시된 대로 옆 선과 중심 선 가운데 다트를 하나씩 넣는다.
다트 부분 봉제(p. 37) 참고

10. 똑같은 방식으로 치마의 안감을 만든다.

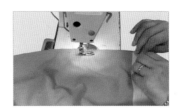

11. ⑨의 옆 선을 박음질한다(왼쪽에 지퍼 길이 18cm를 남겨둔다).

12. 회색 원단에 폭 8cm의 치맛단을 그려 재단한다.

13. 치맛단에 심지를 붙이고 대문 접기 해서 다림질해 준비한다.

14. ⑩의 안감과 ⑪의 겉감을 포갠다(합폭).

15. 숨은 지퍼를 단다.
지퍼 부분 봉제(p. 33) 참고

16. ⑮의 허리 부분에 치맛단을 연결한다.
허릿단 부분 봉제(p. 34) 참고

17. 밑단을 오버로크한 후 접어서 박음질한다.

18. 치마 고리를 달아 완성한다.

모직 코트와 니트로
겨울 투피스 만들기

리사이클 14

옷장 속 낡고 오래된 모직 코트를 멋진 투피스로 변신시킬 수 있어요. 이 방법을 응용하면 짧은 코트도 투피스로 리폼할 수 있죠. 니트 밑에 자른 코트를 배치하면 새로운 스타일의 옷으로 변신합니다. 이 작품으로 세일러 칼라 만들기를 익혀보세요. 조금 어렵게 느껴진다면 QR코드를 찍어 영상에서 확인해보세요. 독특하고 귀여운 옷 한 벌을 함께 만들어볼까요?

소요 시간	2시간
재료	모직 코트, 니트, 원단, 3cm 바이어스, 4cm 바이어스, 심지, 프릴용 원단이나 5cm 바이어스

영상 수업 바로 가기

113

1. 원하는 상의 길이에 맞춰 잘라 A,
B로 나눈다.

B의 양 끝을 3cm가량 올려 라운드로 잘라
줍니다.

2. B 앞쪽을 잘라 품을 줄인다.

3. 깃 부분은 나무 곡자를 대고 점선
처럼 둥글게 표시한다.

4. 표시한 양쪽을 모두 자르고, 뒷목
라인을 따라 일자로 잘라낸다.

5. 깃을 잘라낸 모습.

6. 잘라낸 부분이 들뜨지 않게 깃과
뒷목을 박음질해 고정한다.

7. 종이에 눕혀 점선 모양대로 본뜬다.

8. 본뜬 종이를 자르고 또 한번 반으
로 잘라준다.

9. 본뜬 2장 중 앞판으로 사용할 1장
의 어깨 부분을 조금 잘라낸다.

칼라가 앞쪽으로 조금 넘어와야 어깨 맵시
가 좋습니다.

10. 어깨를 이어 붙이고 사진을 참고
해 세일러 칼라를 원하는 길이로 그
려준다.

11. 완성한 칼라 도안을 잘라낸다.

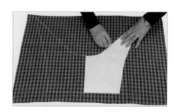

12. 칼라 원단에 ⑪을 초크로 표시
한다. 동일한 방식으로 1장 더 표시
한다.

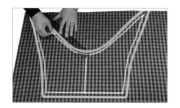

13. 사진에 표시된 것처럼 시접 1cm를 표시한다. 나머지 1장에도 동일하게 표시한다.

14. ⑬에서 표시한 선을 따라 칼라 원단을 재단한다. 동일한 방식으로 1장 더 재단한다.

15. 2장 중 1장에 심지를 붙인다.

16. 심지를 붙이지 않은 나머지 1장의 겉면에 프릴을 달아준다.

프릴 만들기 (16-1~4)

16-1. '바이어스 만들기(p.32)'를 참고해 편지봉투 모양으로 접은 후 5cm 간격으로 표시해 자른다.

16-2. 점선대로 박음질해 자른 바이어스를 연결해준다.

16-3. 반을 접어 박음질한다.

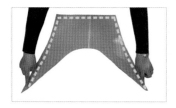

16-4. 주름 노루발로 교체하고 원단을 살짝 잡아주면서 뒤쪽을 손으로 막아 프릴을 풍성히 잡아준다.

17. ⑯ 위에 나머지 칼라 1장을 마주 보게 덮어 점선대로 재봉한다.

18. 박음질한 칼라를 뒤집어 다림질한다.

19. 칼라 끝부분을 5mm 상침해 눌러준다.

20. 칼라의 연결부(⑰에서 박음질하지 않고 남겨둔 부분)를 박음질한다.

21. B에 칼라를 달 위치를 시침핀으로 고정해 표시한다.

22. 표시한 대로 박음질해 B에 달고 시침핀을 제거한다.

23. 연결 부분을 폭 3cm짜리 바이어스로 마감한다.
바이어스 부분 봉제(p. 32) 참고

24. 끝단을 4cm 바이어스 처리한다.

25. 같은 방식으로 앞 솔기도 바이어스 처리한다.

26. 적당한 크기로 원단을 재단해 대문 접기로 단추 고리를 만든다.

27. 단추 고리를 달아 세일러 칼라 재킷을 완성한다(리본을 달아주어도 좋다).

상의 리본 만들기
(27-1~5)

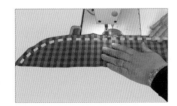

27-1. 리본 만들 원단 끝부분을 점선대로 라운드로 박음질한다.

27-2. 둥근 부분에 가윗밥을 촘촘하게 준다.

27-3. 리본을 뒤집는다.

27-4. 주름을 잡은 후 박음질로 고정
한다.

27-5. 칼라 밑에 리본을 박음질해
준다.

28. 리본을 달아 상의를 완성한다.

29. ①에서 잘라낸 A의 윗부분을 점
선대로 박음질해 고정하고, 오버로
크해준다.

가정용 미싱의 경우는 지그재그로 처리합
니다.

30. 니트 밑단에 달아 완성한다.

재킷보다 긴 니트가 좋습니다.

평범한 트렌치코트가 명품으로

리사이클 15

맛맛해서 손이 잘 안 가는 코트가 있나요? 이젠 밀어두지 말고 포인트를 준 리폼으로 특별한 나만의 옷으로 만들어보세요. 애매한 길이는 줄이고 끝을 배색 리본으로 장식하면 옷이 한층 예뻐질 거예요. 원하는 위치에 포인트를 넣어보세요. 바이어스에 익숙하지 않다면 QR코드를 찍어 영상을 따라 연습하면 좀 더 쉬울 거예요.

소요 시간	1시간
재료	트렌치코트, 배색 리본, 심지, 스냅 단추, 4cm 바이어스, 원단(두 색상을 사용했지만 한 가지만 있어도 좋아요), 지퍼, 소매용 단추

영상 수업 바로 가기

1. 어깨선부터 77cm 떨어진 지점을 재단해 A와 B로 나눈다.

2. 코트 허리끈 가운데에 리본을 대고 박음질한다. 이때 리본 양끝은 접어준다.

3. 접혀서 튀어나온 부분을 잘라낸다.

4. 박음질을 계속해 허리끈을 완성한다.

5. 폭 4cm짜리 바이어스를 깃의 시작 부분에 달아준다(꺾이는 부분은 위로 접어준다).

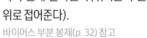
바이어스 부분 봉제(p. 32) 참고

6. 아래로 한번 더 접고 박음질한다.

7. 모서리도 깔끔하게 바이어스 친다.

8. 나머지 깃과 밑단에도 바이어스 쳐준 후 리본으로 장식한다.

9. 팔 부분을 반 정도 자르고 끝단을 말아 박기 한 후 잘라낸 부분에서 원하는 길이로 잘라내 걷이대를 만든다(폭 6cm 권장).

10. 잘라낸 걷이대에 심지를 붙이고 반으로 접는다.

11. 점선대로 사선으로 자른다.

12. 사진처럼 단춧구멍을 뚫고 접어 상침해 소매 걷이대를 완성한다.

13. 소매 겉이대를 소매 안쪽에 여유 있게 달아준 후 단추를 달아 상의를 완성한다.

14. 허리둘레에 맞추어 원단을 재단한다.

원하는 길이로 잘라주세요.

15. A의 남은 부분으로 넓은 주름을 만들어 ⑭와 연결한다.

포크나 종이테이프로 넓은 주름을 잡으면 쉽습니다.

16. ⑮와 같은 너비로 겉면으로 사용할 원단을 재단해 준비한다.

17. 겉면끼리 맞대 연결하고 허릿단을 붙인다.

허릿단 부분 봉제(p. 34) 참고

18. 한 바퀴 둘러 완성한 치마에 사선으로 지퍼를 달아준다.

지퍼 부분 봉제(p. 33) 참고

19. 지퍼 위쪽에 스냅 단추를 달아준다.

20. 허리를 고정할 스냅 단추를 4개 달아 완성한다.

21. 밑단을 말아 박거나 오버로크한 후 접어 박고, 리본으로 장식한다.

22. 스커트를 완성한다.

촌스러운 청 재킷
리폼하기

리사이클 16

유행 지난 촌스러운 청 재킷, 더는 방치하지 마세요. 새로운 스타일로 리폼할 수 있으니까요. 원단을 땋아 장식하는 것도 새로운 리폼 기술이죠. 프릴과 함께하면 더 독특하게 리폼할 수 있습니다. 프릴과 같은 색상으로 싸개 단추를 만들어보세요. 이번에는 싸개 단추 만들기를 익혀볼게요. 손으로 만드는 즐거움을 느끼고 계신가요? 이젠 직접 예쁘게 만들어 입어보세요.

소요 시간	1시간
재료	청 재킷, 프릴용 원단이나 바이어스, 원단

영상 수업 바로 가기

1. 청 재킷의 목 부분을 잘라낸다.

2. 소매 부분의 모양을 잡아 점선대로 잘라낸다.

3. 청 재킷을 반으로 접어 양 옆 선 라인을 점선대로 표시한 후 재단한다.

4. 불필요한 부분을 잘라낸다.

5. 목선, 소매, 밑단, 옆 선을 재단한 모습.

6. 프릴을 만들 원단을 '바이어스 만들기(p. 32)'를 참고해 편지봉투 모양으로 접은 후 일정한 간격으로 자른다.

바이어스 방향으로 재단하면 풍성한 프릴을 만들 수 있어요.

7. ⑥의 한쪽은 오버로크하고 한쪽은 말아 박기 해 준비한다.

8. 주름 노루발로 교체해 프릴을 잡는다.

9. ⑤의 옆 선을 따라 박음질하고 오버로크해준다.

상침, 숨은 상침 모두 가능합니다.

10. 목선, 소매, 밑단에 프릴을 달고 원단을 적당한 폭으로 길게 재단한다. 동일한 방식으로 2장 더 같은 크기로 재단해 준비한다.

총 3장의 원단을 준비합니다.

11. ⑩을 길게 반 접어 박음질해 뒤집는다. 나머지 2장도 동일한 방식으로 박음질해 뒤집어 준비한다.

12. 세 줄을 완성한 모습.

13. 원단 세 줄의 위쪽을 고정하고 꽈배기 모양으로 땋는다.

14. 장식을 완성한 모습.

15. 땋아 만든 장식을 어깨, 소매 등 원하는 위치에 달아준다.

16. 싸개 단추를 만들어 원래 단추 위에 씌워 완성한다.

리본이나 다른 장식을 더해도 좋아요.

싸개 단추 만들기

16-1. 원단에 원래 단추보다 살짝 크게 원을 그린다.

16-2. 시접 2cm를 포함해 재단한다.

2cm

16-3. 원단을 재단한 모습.

16-4. 그려둔 선을 따라 홈질하고 단추를 씌운 후 당겨 싸개 단추를 완성한다.

□EASY □MEDIUM □HARD

구멍 난 점퍼로 만드는
독특한 옷 한 벌과 가방

리사이클 17

조금씩 찢어진 부분이 있는 바람막이 점퍼는 입기엔 불편하고 버리긴 아깝죠. 그럴 땐 새로운 스타일의 옷으로 변신시켜보세요. 허리 부분에 고무줄을 넣어 편하게 입을 수 있도록 준비했어요. 가방 안감을 힘 있는 방수 천으로 만들면 모양이 잡혀 맵시 있게 멜 수 있어요. 용도에 따라 면으로 안감을 만들어도 좋아요. 알면 알수록 재밌는 리폼의 세계, 함께해보실래요?

소요 시간	2시간
재료	점퍼, 바이어스용 천, 안감용 천, 고무줄, 방수 천(또는 안감 원단), 가방끈

영상 수업 바로 가기

1. 점퍼 중 고무줄이 있는 하단을 잘라낸다.

2. 후드와 소매를 잘라낸다.

3. 지퍼나 불필요한 부분을 잘라낸다.

4. 잘라낸 지퍼 자리를 서로 맞대 박음질한다.

5. 어깨선부터 허리 쪽으로 35cm 떨어진 지점을 일직선으로 재단해 A, B로 나눈다.

투피스 만들기

6. B에 기본 상의(p. 25) 패턴을 그려 재단한다.

7. 바이어스용 천을 폭 11cm로 넉넉하게 재단해 밑단을 만들고 고무줄을 준비한다.

8. 바이어스용 천을 폭 4cm로 재단하고 각각 네크라인과 소매에 바이어스 처리를 한다.
바이어스 부분 봉제(p. 32) 참고

9. 소매, 네크라인에 바이어스를 친 모습.

10. 바이어스 처리한 B에 ⑦의 밑단을 박음질해 붙인다.

11. 고무줄에 클립을 끼워 밑단에 넣고 박음질한다.

12. 바이어스 원단을 대문 접기 해 끈을 만들고 끝을 매듭 묶기 한다.

13. B 앞쪽에 박음질해 달아주고 리본으로 묶어 완성한다.

14. A에 기본 스커트(p. 29) 패턴을 그려 재단하고 오버로크한다.

가정용 미싱의 경우 지그재그로 오버로크를 대신할 수 있어요.

15. ⑭의 겉감과 비슷한 사이즈로 치마 안감을 만들어 오버로크한 후 옆선을 맞대 박음질해 붙인다.

⑭의 겉감보다 짧게 만들어야 겉에서 봤을 때 보이지 않아요.

16. 겉감 안에 안감을 넣어 허리를 박음질한다.

17. 겉감의 밑단을 접어 박는다.

18. 허리둘레에 맞춰 고무줄 허릿단을 만들어 붙인다.

허릿단 부분 봉제(p. 34) 참고

19. 치마를 완성한다.

가방 만들기

20. 잘라둔 소매를 펼쳐 사다리꼴로 2장 재단하고, 방수 천이나 안감 원단도 같은 사이즈로 2장 준비한다.

21. 점선대로 겉감과 안감을 각각 사다리꼴로 박음질한다.

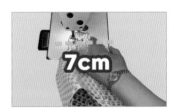

22. 안감과 겉감의 양쪽 바닥 2개를 삼각 접기 하고 바닥 모서리의 7cm 길이를 점선처럼 박음질한 후 가위로 잘라낸다.

23. 겉감 안에 안감을 넣어 입구 둘레를 박음질한다.

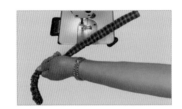

24. 원단을 길게 잘라 테두리 세 면을 박음질하고 뒤집어 조이개 끈을 만든다.

25. 원단을 직사각형으로 박음질해 조이개를 만든다.

26. 조이개를 반 접어 박음질하고 뒤 집은 후 끈을 넣어 통과시킨다. 그런 다음 끈의 끝을 묶어 마무리한다.

27. 벨트 고리와 가방 고리를 만들어 붙인다.

28. 벨트 고리에 조이개와 끈을 달고 가방 고리에 가방끈을 달아 완성한다.

안 입는 오리털 점퍼로 만드는 재킷과 가방

리사이클 18

유행 지나 안 입는 패딩 점퍼를 방치하고 계신가요? 패딩도 리폼할 수 있으니 망설이지 말고 꺼내보세요. 완전히 새로운 패딩으로 변신할 거예요. 잘라낸 부분으로는 리폼한 패딩에 매치하기 좋은 귀여운 패딩 가방도 만들어볼게요. 패딩을 두 줄 박음질한 후 가운데를 잘라 재단하세요. 생각보다 간단하게 리폼할 수 있습니다.

소요 시간	2시간
재료	패딩 점퍼, 4cm 바이어스, 단추, 지퍼, 안감용 원단, 가방끈

영상 수업 바로 가기

1. 표시된 부분(허리·네크라인·소매)을 두 줄로 박음질한다.

허리는 어깨에서 41cm 떨어진 지점을 박음질합니다.

2. ①에서 박음질했던 허리 부분을 잘라 A, B로 나눈다.

두 줄 박음질한 곳의 가운데 빈 곳을 잘라야 패딩 충전재가 터지지 않아요.

3. 나머지 박음질한 네크라인과 소매도 같은 방식으로 잘라준다.

4. 재단한 허리, 네크라인, 소매, 앞선을 폭 4cm짜리 바이어스로 마감한다.

바이어스 부분 봉제(p. 32) 참고

5. 원단을 대문 접기 해 얇은 끈을 만든다.

6. 고리를 만들 길이만큼 자른다.

7. 만든 고리를 박음질해준다.

8. 고리와 단추를 달아 점퍼를 완성한다.

9. A의 지퍼를 올린 후 뒤집은 상태에서 사이즈대로 모양을 표시한다.

10. 표시한 곳에 두 줄 박기 한 후 시접 1cm를 포함해 재단한다.

11. 안감으로 쓸 원단을 ⑩에 겹쳐 대고 같은 크기로 잘라 준비한다. 동일한 방식으로 안감을 1장 더 만든다.

12. 안감 2장을 주머니 모양으로 재봉한 후 바닥을 삼각 접기 해 원하는 길이로 박음질하고 자른다.

13. ⑫의 안감과 ⑩의 겉감을 바닥끼리 마주 대고 양 모서리를 박음질한 후 뒤집는다. 그런 다음 안감과 겉감의 입구를 재봉해 붙여 마무리한다.

지퍼 부분 봉제(p. 33) 참고

14. 지퍼 양쪽에 달 원단 2장을 폭 6cm의 직사각형으로 재단한 후 두 원단 사이에 지퍼를 놓고 한쪽을 재봉한다.

15. 원단을 오른쪽으로 넘긴 후 상침한다.

16. 반대쪽 지퍼도 완성한다.

17. 지퍼 끝자락을 바이어스로 마감한다.

18. ⑰을 가방 입구에 연결해 박음질하고 바이어스와 가방끈을 달아 완성한다.

PART 03
유행 지난 원피스

3000원에 산 구제 원피스로
세 가지 아이템 만들기

리사이클 19

구제 옷의 놀라운 변신! 길고 품이 넓은 원피스도 리폼할 수 있어요. 이번에는 라인을 살린 상의와 편하게 입을 수 있는 길이의 고무줄 치마로 준비했습니다. 식탁보나 뜨개 깔개와 조합해 가방도 만들어보세요. 원피스의 패턴에 따라 옷 분위기가 달라질 거예요. 구제뿐 아니라 잘 입지 않는 원피스를 활용해도 좋아요. 리폼으로 어떤 옷에든 새 생명을 불어넣을 수 있으니까요.

소요 시간	1시간
재료	통 넓은 원피스, 허리 고무줄, 레이스, 식탁보, 원단

영상 수업 바로 가기

투피스 만들기

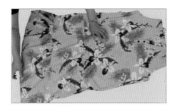

1. 통이 넓은 원피스를 준비한다.

2. 원피스의 중간 부분을 잘라 A, B 로 나눈다.

3. 허리 고무줄을 반으로 접어 허리 치수에 맞춘 후 A에 박음질해 치마 를 완성한다.

허릿단 부분 봉제(p. 34) 참고

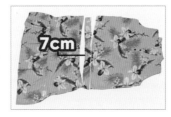

4. B의 허리 부분을 7cm 폭으로 잘 라 밴드처럼 만든다.

5. 자른 밴드를 대문 접기 해 끈을 만 든다.

가방에 사용할 분량을 포함해 넉넉히 만들 어주세요.

6. B의 밑단을 오버로크하고 레이스 를 달아준다.

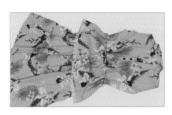

7. ⑤에서 만든 끈을 허리에 달아 상 의를 완성한다.

가방 만들기

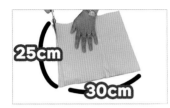

8. 가로 30cm, 세로 25cm짜리 원단 4장을 준비한다.

9. 원단 4장 중 2장에 식탁보를 잘라 각각 덧대 박음질해 붙이고 겉면을 마주 보게 놓은 뒤 점선대로 박음질해 가방 겉감의 원형을 만든다.

10. 나머지 2장도 같은 방식으로 만들고 창구멍을 남겨 가방 안감의 원형을 만든다(점선-창구멍).

11. 완성한 안감과 겉감은 바닥을 삼각형으로 접어 바닥을 재봉하고 시접을 남겨 자른다.

12. 겉감을 뒤집어 안감 안에 넣는다.
이때 안감은 뒤집지 않은 상태로 겉감만 겉면이 밖으로 오게 뒤집어 넣습니다.

13. 안감과 겉감의 입구를 한 바퀴 둘러 박음질해 붙인다.

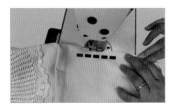

14. 안감의 창구멍을 통해 가방을 뒤집고 공그르기나 박음질로 창구멍을 막는다.

15. ⑤에서 만든 가방끈을 달아 완성한다.

니트 원피스로 세 가지
겨울옷 만들기

리사이클 20

옷 한 벌의 기적! 촌스러운 옷도 다시 보세요. 모든 것이 새롭게 태어날 수 있으니까요. 니트 재질에는 늘어나는 것을 방지하기 위해 꼭 니트 접착 심지를 붙여야 해요. 이 점에 유의하며 니트 리폼에 도전해볼까요? 원단으로 바이어스를 만들어 달아보세요. 같은 방법으로 조금 크게 만들면 허릿단으로도 쓸 수 있습니다. 가을과 겨울에 잘 어울리는 색상의 옷으로 준비했어요. 연말 파티 룩으로도 활용해보세요.

소요 시간	2시간
재료	니트 원피스, 접착 심지(다대 테이프), 바이어스, 원단, 안감용 원단, 스냅 단추, 고무줄

영상 수업 바로 가기

1. 원피스의 팔 부분을 자른다.

2. 원하는 길이로 반을 잘라 A, B로 나눈다.

3. A의 진동과 밑단에 니트가 늘어나는 것을 방지하기 위해 다리미로 테이프형 접착 심지를 붙여준다.

4. A 앞판의 가운데를 점선대로 잘라준다.

5. 폭 5cm짜리 원단을 4개 잘라 심지를 붙인다. 이때 길이는 ④에서 자른 가운데 부분의 길이에 맞춘다.

6. 2개는 반으로 접어 다림질하고 2개는 대문 접기 한다.

7. 반으로 접은 원단을 A 앞판의 가운데 대고 위에 대문 접기 한 원단을 올린 후 박음질한다.

8. A를 뒤집고 대문 접기 한 원단을 감싸 박음질한다.

9. 박음질하고 남은 원단의 끝부분을 잘라 정리한다.

10. 반대쪽도 같은 방식으로 완성한다.

11. 소매, 진동, 밑단에 폭 5cm짜리 바이어스를 친다.
바이어스 부분 봉제(p. 32) 참고

12. 스냅 단추를 달아준다.

13. 조끼를 완성한다.

치마 만들기

14. 허리둘레만큼 원단을 잘라 연결한다. 이때 폭은 5cm로 자른다.

15. B에 ⑭의 원단을 반 접어 허릿단을 만들어 붙이고 오버로크 처리한다.
허릿단 부분 봉제(p. 34) 참고

16. 클립에 고무줄을 끼워 넣고 박음질해 치마를 완성한다.

17. 소매를 잘라 펼친다.

18. 단을 잘라 길이를 정리하고 펼쳐서 접착 심지를 붙인 후 2장을 맞대가방 모양으로 박음질한다.

19. 바닥 면을 삼각형으로 접어 점선대로 6cm 정도 재봉하고 시접 1cm로 잘라 겉감을 만든다.

20. 원단 2장을 겉감보다 4cm 크게재단해 준비한다.

21. ⑳을 2장 겹쳐 테두리와 바닥을박음질해 안감을 만든 후 겉감에 넣고 함께 박음질한다.

22. 위쪽으로 4cm 남은 안감을 접어 고무줄을 넣고 재봉한다.

23. 대문 접기 해서 만든 끈으로 리본과 가방끈을 달아 완성한다.

□EASY □MEDIUM □HARD

낡은 할머니 원피스로
멋진 파티복 만들기

리사이클 21

장롱 속 오래되고 낡은 할머니 원피스 하나도 놓칠 수 없죠. 투박하거나 촌스러워 보일 수 있는 오래된 옷에 망사 원단을 덧대 리폼해보세요. 예쁜 망토를 두른 것 같은 분위기로 연출할 수 있어요. 치마에는 고무줄을 넣어 편하게 입을 수 있도록 준비했습니다. 망사 원단을 덧대 경쾌한 느낌으로 구성할 수 있어요. 취향에 맞게 리폼해보세요.

소요 시간	2시간
재료	큰 원피스, 망사 원단, 바이어스용 원단, 단추, 고무줄

영상 수업 바로 가기

149

1. 허리선에 맞춰 재단하고 A, B로 나눈다.

2. B를 반으로 접고 소매부터 20cm 떨어진 곳을 재단한다.

3. 잘라낸 팔 부분을 오버로크하고 접어 박기 해 반팔로 만든다.

4. 망사 원단을 삼각형으로 두 번 접어 점선대로 라운드 재단한다.

5. ④의 테두리를 말아 박기 하고 B의 목 라인에 연결해 박음질한다.

6. 바이어스를 치고 단추 고리를 만들어 달아준다.
바이어스 부분 봉제(p. 32) 참고

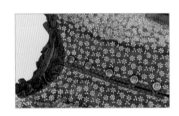

7. 단추를 달아준다.

8. 상의를 완성한다.

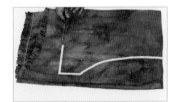

9. A를 치수대로 재단해 준비한다.
기본 스커트 패턴(p. 29) 참고

10. 점선대로 박음질하고 오버로크 한다.

11. ⑩에서 박음질한 선이 가운데 오게끔 잡고 펼쳐서 사진에 표시한 나머지 부분을 마저 박음질한다.

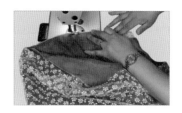

12. 망사 원단을 A보다 10cm 크게 재단하고 ⑪에 재봉한다.

13. 밑단을 접어 박기 한다.

14. 바이어스 원단으로 폭 10cm짜리 허릿단을 재단한다.

15. 허리둘레에 맞춰 원단을 이어 붙인다.

16. 허릿단을 A에 박음질해서 연결한다.

허릿단 부분 봉제(p. 34) 참고

17. ⑯의 허릿단에 고무줄을 넣고 리본을 만들어 달아준다.

18. 하의를 완성한다.

빈티지 숍에서 구입한 원피스로
옷 한 벌과 가방 만들기

리사이클 22

옷 한 벌이 몇 가지로 변신할 수 있을까요? 원피스를 나누어 재단해 상의, 하의와 가방까지 만들어볼게요. 프릴을 풍성하게 넣어 사랑스러운 분위기를 연출했어요. 끝단을 레이스로 장식하기만 해도 색다른 분위기가 나죠. 새로운 작품의 탄생, 더 이상 오래된 옷이 아니에요!

소요 시간	2시간
재료	원피스, 지퍼, 레이스, 심지, 원단, 치마 고리, 가방 속지용 원단, 가방끈

영상 수업 바로 가기

상의 만들기

1. 어깨에서 53cm 떨어진 지점을 재단해 A, B로 나눈다.

2. B의 잘라낸 허리 부분을 오버로 크하고, 밑단에 레이스를 달아 완성한다.

하의 만들기

3. A의 뒷부분을 지퍼를 달 분량만큼 뜯는다.

4. 치마를 원하는 길이로 자른다.

5. 밑단을 오버로크하고 레이스를 달아준다.

6. 사진에 표시한 대로 다트를 잡아 허리 부분을 줄인 다음 지퍼를 달아준다.
지퍼 부분 봉제(p. 33) 참고, 다트 부분 봉제(p. 37) 참고

7. 원단에 10cm 폭으로 심지를 붙이고 재단한다.

8. ⑦을 접어 허릿단을 만든다.

9. 허릿단을 재봉하고 치마 고리를 달아 완성한다.

가방 만들기

10. ④에서 잘라낸 부분을 오버로크
하고 프릴을 잡는다.

11. 가로 41cm, 세로 36cm짜리
원단 2장을 준비한다.

12. ⑪에 프릴을 위아래로 2개 박음
질해 가방 겉면을 만든다. 동일한 방
식으로 겉면을 2장 만든다.

13. 완성한 2장을 겉면끼리 맞대 주
머니 모양으로 재봉한다.

14. 양쪽 바닥을 접어 점선대로 박음
질한다.

15. 속지도 겉지와 같은 방식으로 재
봉하고 창구멍을 남긴다.
안주머니를 만들 땐 안주머니 부분 봉제(p. 31)
를 참고하세요.

16. 속지 안에 겉지를 넣고 테두리를
한 바퀴 둘러 박음질한다.

17. 속지의 창구멍으로 뒤집는다.

18. 가방끈을 달아 완성한다.

PART 04
늘어난 상의

버려진 스웨터를 마구마구 잘라
예쁜 버킷 백 만들기

리사이클 23

늘어난 스웨터를 어디까지 재활용할 수 있을까요? 스웨터가 애매하게 늘어나 입지 못할 때, 리폼을 해보세요. 조금은 복잡해 보일 수 있지만 차근차근 따라 하다 보면 어느새 예쁜 가방이 완성되어 있을 거예요. 추억이 담긴 낡은 스웨터로 만든 가방, 기대되지 않나요? 여기서는 스웨터를 활용하는 방법과 가방 만들기를 익혀볼 거예요. 조금 어렵게 느껴진다면 QR코드를 찍어 영상을 보며 만들어보세요.

소요 시간	2시간
재료	스웨터, 바이어스, 가방 고리, 심지, 가방 속지 또는 속지로 사용할 원단, 가방 부자재 단추, 가방끈

영상 수업 바로 가기

1. 스웨터의 팔 부분과 몸판을 자른다.

2. 잘라낸 몸판을 가로 39.5cm, 세로 31cm로 재단한다.

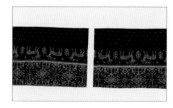

3. ②를 2장 준비한다.

4. 자른 몸판 안쪽에 심지를 붙인다.
니트가 늘어나는 것을 방지하기 위해 전체 면에 붙여주세요.

5. ④를 심지와 함께 누벼 재봉한다.

6. ①에서 자른 팔 부분을 점선대로 잘라 펼친다.

7. ⑥에 심지를 붙이고 옆판이 될 가로 31cm, 세로 7cm 2장, 바닥판이 될 가로 39.5cm, 세로 7cm 1장을 표시한다.

8. 표시한 대로 각각 재단해서 준비한다.

9. 바닥판(가로 39.5cm, 세로 7cm로 재단한 부분)을 일자로 누빈다.

10. 남은 스웨터 자투리로 주머니를 만들고 바이어스 친다.
바이어스 부분 봉제(p. 32) 참고

11. ⑤에서 만든 몸판에 주머니를 달아준다.

12. 몸판 앞뒤에 ⑦에서 만든 옆판과 ⑨에서 재단한 바닥판을 재봉한다.

13. 가방 속지도 겉감과 같은 사이즈로 만들어 심지를 붙여 준비한다.

14. 남은 니트 원단으로 가방 덮개를 만든 후 심지를 붙인다.

15. 속지에 안주머니를 달아준다.

안주머니 부분 봉제(p. 31) 참고

16. ⑫에서 만든 겉감과 같은 방식으로 속지를 재봉해 안감을 완성한다. 이때 안감에 창구멍을 남긴다.

17. 안감 안에 겉감을 넣고 겉감과 안감 사이에 뚜껑을 넣어 입구 테두리를 봉제한다.

옆면에 가방 고리도 달아준다.

18. 창구멍으로 겉감을 빼 뒤집고 창구멍을 공그르기나 일자 박기로 재봉해 막아준다.

19. 가방 부자재 단추를 달아준다.

20. 가방 고리에 가방끈을 달고, 뚜껑 이음매를 박음질해 완성한다.

반팔 니트로
감성적인 크로스 백 만들기

리사이클 24

줄어든 니트로 가방을 만들어볼까요? 이번에는 간단한 디자인으로 아주 쉽게 만들 거예요. 니트에 납작한 솜을 누비고 안감을 같은 모양으로 잘라 넣어 뚜껑 있는 크로스 백을 만들어볼게요. 못 입는 니트였다는 걸 잊을 정도로 멋진 가방을 만들 수 있어요. 노란색, 빨간색, 검은색 등 어느 색이든 상관없어요. 집에 있는 니트 한 장이면 금방 새로운 작품으로 변신할 테니까요. 자꾸자꾸 손이 갈 거예요.

소요 시간	1시간
재료	니트, 퀼팅 솜(접착 솜), 덮개 안감용 원단, 방수 천, 지퍼나 단추, 가방 버클 부자재, 연결 고리

영상 수업 바로 가기

1. 니트의 팔 부분을 잘라낸다.

2. 남은 몸통의 옆 선을 잘라 펼친다.

3. 어깨선도 점선대로 잘라낸다.

4. 잘라낸 몸판에 접착 솜(2온스)을 붙인다.

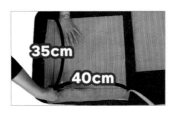

5. ④를 가로 40cm, 세로 35cm로 재단한다. 같은 방식으로 1장 더 재단해 준비한다.

6. ⑤를 5.5cm 폭으로 누빈다.

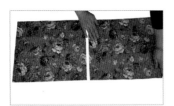

7. 안감도 똑같은 사이즈(가로 40cm, 세로 35cm)로 재단한 방수원단 2장으로 준비한다.

8. 안주머니로 만들 안감 원단을 원하는 사이즈로 2장 재단한다.

9. 안감에 안주머니를 만든다.
안주머니 부분 봉제(p. 31) 참고

10. 주머니에는 지퍼나 단추를 달아도 좋다.

11. 안감 2장을 겹쳐 점선대로 재봉한다. 이때 사진에 표시한 것처럼 창구멍을 남긴다.

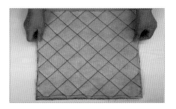

12. ⑥에서 누빈 겉감을 안감처럼 가방 모양으로 재봉한다.

13. 안감과 겉감의 바닥을 접어 점선대로 각각 10cm 길이로 박음질하고 시접을 남겨 잘라 바닥 면을 만든다.

14. ①에서 잘라낸 소매 2장을 잘라 펼친다.

15. ⑭를 누벼 사각형으로 잘라 준비한다.

16. ⑮를 연결해 박음질하고 가로 40cm, 세로 25cm로 잘라 덮개를 만든다.

17. 같은 치수로 덮개 안감을 만들고 ⑯에 겹쳐 점선대로 재봉한 후 뒤집어 준비한다.

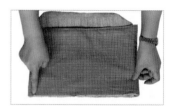

18. 완성한 겉감에 덮개를 연결해 박음질한다.

19. 안감 안에 겉감을 넣는다.
안감은 거꾸로 뒤집어진 상태여야 합니다.

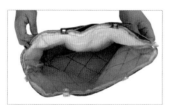

20. 테두리를 맞추어 집게로 고정하고 테두리 모양을 잡아 박음질한 다음 안감의 창구멍으로 뒤집어 완성한다.

21. 테두리를 한번 더 상침해 고정해준다.

22. 스티치나 자수로 장식한다.

23. 연결 고리와 가방 버클 부자재를 달아 가방을 완성한다.
취향에 따라 가방끈을 만들어 달아보세요.
식탁보나 뜨개 깔개로 장식해도 좋습니다.

커서 못 입는 스웨터로 만드는
플라워 니트 카디건

리사이클 25

길고 커서 안 입는 스웨터가 있나요? 이제는 안 입는 옷이 있어도 걱정하지 마세요. 순식간에 예쁜 카디건으로 변할 테니까요. 스웨터에 접착 심지를 붙여 늘어나는 것을 방지하고 가운데를 잘라 리폼해보세요. 원단으로 만든 꽃을 달아 귀엽게 장식하면 세상에서 하나밖에 없는 독특한 카디건이 될 거예요.

소요 시간	1시간
재료	스웨터, 접착 심지(다대 테이프), 바이어스용 원단, 단추, 원단 두 종류(노란색·원하는 색), 솜

영상 수업 바로 가기

1. 스웨터에 사진처럼 원하는 길이를 표시하고 자를 부분에 접착 심지를 다려 붙인다.
스웨터가 늘어나는 것을 방지할 수 있어요.

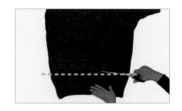

2. 표시한 대로 재단해 준비한다.

3. 앞선 가운데에도 접착 심지를 다려 붙이고 자른다.

4. 재단한 앞선과 소매 부분을 오버로크한다.

5. 폭 5cm짜리 바이어스를 만든다.

6. 소매와 밑단, 앞선을 바이어스 마감한다.
바이어스 부분 봉제(p.32) 참고

7. 앞선에 단추 고리와 단추를 달아 준다.

8. 꽃 모양 도안을 준비해 원단에 원하는 수만큼 그린다.

9. 꽃 가운데 부분이 될 동그라미를 노란색 원단에 그린다.

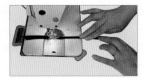

(7-1) 5cm짜리 바이어스를 반 접어 박음질한다.

(7-2) 끝부분에 실을 꿰고 박음질한 안쪽으로 바늘을 넣어 통과시킨다.

(7-3) 잡아당겨 뒤집어 단추 고리를 만든다.

10. 원단을 2장 겹쳐 재봉해 꽃을 만들고 자른다.

11. 각 잎의 안쪽 부분에 V 자로 가윗밥을 내고 가운데에 솜이 들어갈 구멍을 내준다.

12. ⑪에서 낸 구멍으로 뒤집고 솜을 넣은 후 같은 방법으로 만들어둔 ⑨의 노란 동그라미를 가운데에 재봉한다.

동그라미를 가운데에 재봉하면 솜을 넣기 위해 냈던 구멍을 자연스레 감출 수 있어요.

13. 노란 동그라미에 버튼홀 스티치를 손바느질해 장식한다.

14. ⑬을 완성한 스웨터에 달아준다.

15. 카디건을 완성한다.

할머니의 손뜨개 카디건이
귀여운 가방과 동전 지갑으로 변신

리사이클 26

버리긴 아깝고 입을 수는 없는 뜨개 옷이 있나요? 손쉽게 리폼해 유용하게 사용해보세요. 뜨개 옷 하나면 가방부터 작은 동전 지갑까지 뚝딱 만들 수 있어요. 뜨개가 이리저리 늘어나지 않게 접착 심지를 붙이고 재봉하면 뜨개 패턴으로 귀여운 가방과 지갑을 쉽게 만들 수 있죠. 어디서도 볼 수 없는 멋진 아이템을 함께 만들어볼까요?

소요 시간	1시간
재료	뜨개 카디건, 접착 심지, 방수 천 등 안감, 가방 손잡이, 퀼팅 솜, 파우치 속지용 원단, 바이어스, 지퍼

영상 수업 바로 가기

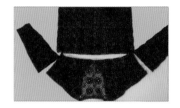

1. 진동 선과 팔 부분을 잘라 준비한다.

2. 잘라낸 몸판 단추를 풀어 길게 펼치고 가로 36cm, 세로 100cm로 재단한 후 테두리에 접착 심지를 붙여 다린다.

접착 심지 작업은 올이 풀리는 것과 늘어나는 것을 방지할 수 있어요.

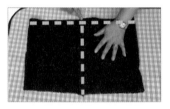

3. ②의 겉감을 양쪽으로 대문 접기 해 연결하고 가운데 이음매와 아래 바닥 면을 점선대로 박음질해 가방 겉면을 만든다.

4. 바닥을 삼각 접기 해 11cm로 박음질하고 뒤집는다.

5. 완성된 겉감과 같은 치수로 안감 2장을 재단한 다음 안주머니를 달아준다.

안주머니 부분 봉제(p. 31) 참고

6. 점선대로 박음질해 안감을 완성한다. 이때 창구멍을 남긴다.

안감으로 뒤집을 거라 창구멍을 안감에만 남겨주세요.

7. 안감 속에 겉감을 넣고 입구 테두리를 박음질한다.

거꾸로 뒤집힌 상태의 안감 속에 겉감을 넣습니다. 안감만 거꾸로 뒤집힌 상태여야 합니다.

8. 안감의 창구멍으로 뒤집은 후 창구멍을 박음질한다.

9. 가방 손잡이를 달아 완성한다.

파우치 만들기

10. 겉면으로 사용할 남은 뜨개 카디건 부분(겉지), 퀼팅 솜, 속지 원단을 준비한다.

14.5cm
11.5cm

11. 겉지, 솜, 속지 순으로 겹쳐 가로 지름 14.5cm, 세로 지름 11.5cm 짜리 타원을 그린다.

12. ⑪에서 겹친 상태로 2cm 간격으로 누비고 테두리를 박음질한다.

13. ⑫의 시접을 1cm로 잘라 반지갑 모양으로 각각 반 접어 준비한다.

14. 다시 펼쳐 테두리에 바이어스를 치고 지퍼를 달아준다.

바이어스 부분 봉제(p. 32), 지퍼 부분 봉제 (P. 33) 참고

15. 양쪽 모서리를 박음질해 바닥 면을 만들어주고 뒤집어서 파우치를 완성한다.

싫증 난 스웨터로 귀여운 니트 조끼와 가방 만들기

리사이클 27

싫증 난 스웨터 한 벌의 기적! 정말 간단하지만 독특한 리폼으로 구성했어요. 니트의 팔 부분을 잘라내고 옆 선을 리본으로 마무리하면 어디서도 볼 수 없는 귀여운 조끼가 완성됩니다. 옆 선 디테일로 다른 옷과 레이어드하기도 좋아요. 상의와 세트인 깜찍한 가방도 만들어보세요. 한 벌의 옷과 간단한 재봉으로 두 가지 사랑스러운 아이템을 가질 수 있다니, 너무 설레지 않나요?

소요 시간	1시간
재료	스웨터, 접착 심지, 4cm 바이어스 또는 바이어스 원단, 가방 고리, 가방 안감용 원단 또는 면 원단, 리본용 원단, 가방끈, 버클

영상 수업 바로 가기

1. 큰 스웨터를 준비한다.

2. 스웨터를 뒤집어 원하는 조끼 치수만큼 앞뒤로 접착 심지를 붙인 후 재단한다.

3. 점선대로 어깨를 1.5cm 내려 박음질한다.

4. 리본 만들 원단을 가로 10cm, 세로 26cm로 8장 재단한다.

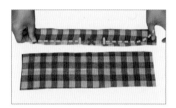

5. ④를 반 접어 점선대로 재봉한다. 이때 사진처럼 창구멍을 남긴다.

6. 창구멍으로 뒤집어서 리본을 만든다.

7. ③의 양쪽 앞과 뒤에 리본을 4개씩 재봉한다.

8. 폭 4cm짜리 바이어스를 준비한다.

9. ⑦의 옆 선에 바이어스를 펼쳐 박음질한다.

10. 인바이어스 처리한다.

11. 리본을 묶어 조끼를 완성한다.

가방 만들기

12. ②에서 자른 팔 부분을 잘라 펼친다.

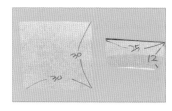

13. 양쪽 팔 부분 전체에 심지를 붙이고 가로 30cm, 세로 30cm짜리 2장, 가로 25cm, 세로 12cm짜리 2장을 자른다.

14. ⑬에서 자른 30x30cm짜리 원단 2장을 마주 보게 겹쳐 시접을 1cm 주고 점선대로 박음질한다.

15. 바닥 면을 만들어 박음질하고 잘라내 겉감을 만든다.

16. 겉감과 같은 크기로 원단 2장을 재단한 후 같은 방식으로 박음질해 안감을 만든다. 이때 창구멍을 낸다.
안주머니를 달아도 좋습니다. 안주머니 부분 봉제(p. 31) 참고

17. 안감을 완성한다.

18. ⑬의 25x12cm짜리 원단 2장을 라운드로 재봉해 뚜껑을 만든다.

19. 안감 안에 겉감을 넣고 입구를 재봉한다.

20. 안감의 창구멍으로 뒤집고 뚜껑을 재봉한다.

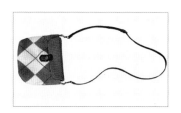

21. 가방 고리와 버클을 재봉하고 끈을 달아 완성한다.

PART 05

버려지는 소품

□ EASY □ MEDIUM □ HARD

오래된 커튼으로
명품 원피스 만들기

리사이클 28

맨들맨들한 재질의 커튼으로 마음에 꼭 드는 원피스와 가방을 만들어보세요. 이 작품에서는 패턴 그리기를 배울 수 있어요. 상의와 하의 패턴 모양을 익히는 데 집중하다 보면 금방 예쁜 옷을 만들 수 있을 거예요. 로브 형태의 원피스라 55에서 88까지 다양한 사이즈로 입을 수 있죠.

소요 시간	2시간
재료	커튼, 고무줄, 망사 커튼, 단추, 안감용 원단

영상 수업 바로 가기

원피스 만들기

1. 점선대로 커튼 걸이 부분을 자른다.

2. 커튼 2장을 반으로 접어 겹쳐 도안대로 그린다.

이때 1장은 골선으로 둡니다. 기본 상의 패턴(p. 25) 참고. 총 골선으로 이어진 큰 1장과 낱장으로 된 2장이 필요합니다.

3. 전체 시접 1.5cm, 밑단 시접은 4cm로 재단한다.

골선으로 둔 것이 뒤판이고, 낱장 2장이 앞판입니다.

4. 앞판을 사진에 표시된 대로 재단한다.

기본 상의 패턴(p.25) 참고

5. 완성한 앞판 위에 뒤판을 대고 점선대로 어깨와 옆 선을 박는다.

겉면끼리 마주 보도록 합니다.

6. 어깨를 오버로크한다.

7. 옆 선과 밑단을 오버로크 마감한다.

8. 밑단을 접어 다리고 재봉해 뒤집는다.

원피스 주머니 만들기

9. 남은 커튼을 10.5 x 12cm로 잘라 그 2장을 겹친 후 창구멍을 남기고 재봉해 주머니를 만든다.

주머니 4개 분량으로 총 8장이 필요합니다.

10. 곡선 부분에 가윗밥을 내 창구멍으로 뒤집는다.

곡선에 가윗밥을 내면 쉽게 뒤집을 수 있어요.

11. 뒤집은 주머니를 전체 상침한다.

12. 주머니의 윗부분을 접어 박음질한다.

13. 단추를 달고 목, 팔 부분을 말아 박기 해 원피스를 완성한다.

원피스 속치마 만들기

14. 망사 커튼을 총장 58cm로 자른 후 고무줄을 준비한다.

15. 고무줄을 당기면서 주름을 잡아 재봉해 속치마를 완성한다.

가방 만들기

16. 남은 커튼을 사각형으로 잘라 2 장 준비한다.

17. ⑯을 마주 보게 겹쳐 점선대로 재봉한다.

18. 양쪽 바닥을 접어 6cm로 재봉 해 바닥 면을 만든다.

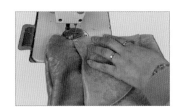

19. 뒤집어서 가방 덮개를 달아준다.

가방 덮개는 ⑨~⑪의 주머니와 같은 방식 으로 만들어요.

20. 겉감과 같은 방식으로 가방 안감 을 만들어 안감 안에 겉감을 넣어 입 구 테두리를 봉제한다.

21. 안감의 창구멍으로 뒤집고 창구 멍을 박음질한다.

22. 입구 전체를 상침한 후 가방끈을 만들어 달아 완성한다.

유행 지난 오래된 커튼으로 만드는
옷 한 벌과 가방

리사이클 29

유행이 지나고 오래된 커튼으로 세 가지 아이템을 만들어볼까요? 이번에는 상의와 스커트 패턴을 익혀볼 거예요. 커튼을 요리조리 접어 패턴을 그리고 재단해보세요. 치마는 고무줄을 넣어 편하게 입을 수 있도록 준비했어요. 귀여운 가방까지 만들어 한 세트로 입으면 리폼하는 재미가 배가될 거예요. 커튼 색상과 잘 어울리는 레이스로 장식하면 아무도 커튼으로 만든 옷인지 모를 거예요.

소요 시간	2시간
재료	커튼, 고무줄, 레이스, 니트 바이어스, 지퍼, 바이어스, 가방끈, 단추, 어깨끈

영상 수업 바로 가기

치마 만들기

1. 커튼의 고리 부분을 잘라낸다.

2. 커튼을 두 번 접어 모서리에서 17cm 떨어진 곳을 점선대로 라운드로 재단한다.

3. ②의 재단선에서 65cm 떨어진 지점을 라운드로 재단한다.

4. 커튼을 다시 펼친다.
구멍이 허리가 들어갈 부분이에요.

5. 재단한 커튼의 허리 사이즈를 잰다.

6. 허리 사이즈에 맞게 폭 10cm의 허릿단을 커튼의 남은 부분에 재어 그린다.

7. ⑥의 허릿단을 재단한다.

8. 치마와 허릿단을 전체 오버로크 처리한다.

9. 만들어둔 허릿단과 치마를 집게로 고정한다.

10. 허릿단을 재봉한다.

허릿단 부분 봉제(p. 34) 참고

11. 재봉한 허릿단에 클립을 끼워 고무줄을 넣는다.

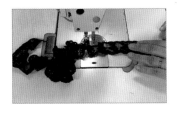

12. 레이스로 프릴을 만든다.

주름 노루발을 이용하면 좋아요.

13. 만든 레이스 프릴을 밑단에 달아준다.

14. 니트 바이어스와 단추 장식을 달 위치를 잡아준다.

15. ⑭를 박음질해서 치마를 완성한다.

상의 만들기

16. 커튼을 골선으로 겹친 후(2장을 각각 반으로 접어 겹친다) 기본 상의 패턴을 그려 2장 재단한다.

상의 패턴 도면(p. 25) 참고

17. 앞판 1장, 뒤판 1장을 재단한 모습.

18. 지퍼 단을 위해 앞판의 가운데를 점선대로 잘라준다.

19. 남은 커튼으로 지퍼 단에 사용할 폭 5cm짜리 원단을 재단한다.

20. 앞판에 지퍼를 뒤집어 재봉한다.
지퍼 부분 봉제(p. 33) 참고

21. ⑲를 위에 달아 재봉한다.

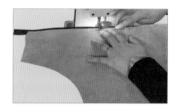

22. 안으로 접어 상침해 지퍼를 달아준다. 반대쪽도 동일하게 해준다.

23. 상의 지퍼 달기를 완성한 모습.

주머니 만들기

24. 주머니 도안을 원하는 디자인으로 만들어 남은 커튼에 대고 그려 재단한 후 테두리를 재봉해 상의에 붙인다.

상의 만들기 2

25. 상의의 테두리를 모두 바이어스로 마감한다.

바이어스 부분 봉제(p. 32) 참고

26. 어깨끈을 달아준다.

27. 상의를 완성한다.

가방 만들기

겉감에 그림을 그려 장식해도 좋아요.

28. 원하는 모양으로 커튼을 재단(안감 2장, 겉감 2장)하고 점선대로 박음질한다.

안감에는 창구멍을 남깁니다.

29. 바닥 면을 만들어 박음질한다. 안감과 겉감을 하나씩 만든다.

30. 거꾸로 뒤집은 안감 안에 겉감을 넣는다.

겉감은 겉면이 밖으로 나온 상태여야 합니다.

31. 남은 부분을 박음질한다.

32. 뒤집은 후 창구멍을 막은 다음 상침한다.

33. 가방끈을 달고 매듭을 묶어 완성한다.

수건으로 아이 옷과
슬리퍼, 수면 안대 만들기

리사이클 30

어느 집에나 쓰지 않고 방치해둔 수건이 있게 마련이죠. 더 이상 내버려두지 말고 귀여운 아동복을 만들어볼까요? 수면 안대와 깜찍한 슬리퍼까지 만들어볼게요. 아이의 어깨, 허리, 가슴둘레에 맞춰 조절해주세요. 여러 가지 자로 부드러운 라인을 그리는 데 초점을 맞추어 감을 익혀봅시다.

소요 시간	1시간
재료	수건, 바이어스 또는 바이어스 원단, 단추, 고무줄, 에바폼(또는 신발 밑창)

영상 수업 바로 가기

아이 원피스 만들기

1. 색이 다른 수건 2장을 준비해 각각 반으로 접는다.

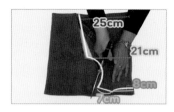

2. 반으로 접은 수건을 겹쳐 패턴대로 치수에 맞춰 재단한다.

라운드는 물방울 자, S 모드 자 등을 사용하면 좋아요.

3. 4장 중 서로 다른 색의 2장을 겹친 후 목을 5cm 파 앞판을 만든다.

4. 4장을 모두 겹쳐 밑단 끝을 점선을 따라 라운드로 재단한다.

5. 서로 다른 색상의 2장을 한 방향으로 놓고 박음질한 후 가름솔로 한 번 더 재봉한다. 나머지 2장도 동일한 방식으로 재봉해 앞판과 뒤판을 만든다.

6. 점선대로 옆 선, 어깨선을 박음질한다.

7. 어깨와 밑단을 오버로크한다.

8. 같은 방식으로 길게 자른 수건을 ⑦에 놓고 뒤, 옆, 앞 중심을 맞추어 시침핀을 꽂아 고정한다.

9. 남은 분량은 프릴을 잡아서 고정한다.

10. 시침핀으로 고정한 부위를 점선을 따라 박음질한다.

11. 연결 부위를 상침한다.

12. 바이어스 원단에 폭 5cm짜리 바이어스를 그려 재단하고 자른다.

13. ⑫의 원단을 대문 접기로 다림질해 바이어스를 만든다.

14. 노출된 옷 겉자락을 따라 5cm짜리 바이어스를 친다.
바이어스 부분 봉제 (p. 32) 참고

15. 단추를 손바느질해 달아준다.

16. 원피스를 완성한다.

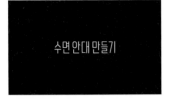

수면 안대 만들기

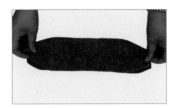

17. 다른 색 수건 2장을 각각 30cm 길이로 자르고 라운드해서 준비한다.

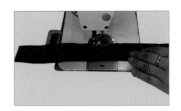

18. 원단을 고무줄 너비에 맞추어 재봉(창구멍 필요)해 안대 끈을 만든 후 뒤집고 창구멍을 막는다.

19. ⑱ 안에 고무줄을 넣은 후 박음질한다.

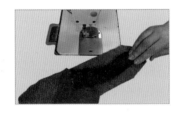

20. ⑰의 원단 사이에 안대 끈을 넣고 박음질한다. 이때 창구멍을 남긴다.
안대 끈의 양 끝이 안대의 양 끝에 접하도록 하면서 박음질해주세요.

21. 창구멍으로 뒤집는다.

22. 창구멍을 막아 수면 안대를 완성한다.

슬리퍼 만들기

23. 원하는 치수의 신발을 본떠 도안을 만든 다음 시접 1cm를 두고 재단한다.

24. 발등도 본떠 도안을 만든다.

뒤집어 사용하기 때문에 도안은 한쪽만 있
어도 됩니다.

**25. 본뜬 도안들을 수건과 에바폼에
대고 발바닥, 발등을 재단한다(각각
수건 2장, 에바폼 1장씩 사용한다).**

에바폼은 신발의 모양을 잡는 폭신한 심지
로 사용해요.

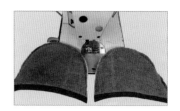

**26. 수건 사이에 에바폼을 넣고 재봉
한 후 바이어스를 쳐서 발등과 발바
닥을 만든다.**

**27. 발바닥과 발등을 연결한 후 재봉
한다.**

**28. 전체 바이어스로 완성한다. 동
일한 방식으로 반대쪽도 만든다.**

못 쓰는 수건으로
실내화 만들기

리사이클 31

얼룩진 수건도 버리지 말고 실내화로 탄생시켜보세요. 이번에는 내 발에 맞추어 간단하게 도안을 만드는 법과 오버로크하는 법, 누비는 법을 연습해보세요. 수건으로 만든 실내화는 착용감이 편하고 세탁하기도 쉬워요. 안 쓰는 수건을 재활용해 여러 켤레 뚝딱 완성해보세요. 도톰한 수건으로 만들어 포근한 느낌을 선사해줄 거예요.

소요 시간	1시간
재료	수건, 원단(또는 바이어스)

영상 수업 바로 가기

1. 종이에 발을 대고 발바닥 패턴을 그린다.

2. 시접을 1cm로 두고 패턴을 자른다.

3. 발등을 종이로 감싸 발등 패턴을 그려 자른다.

패턴 1장을 뒤집어 왼발과 오른발에 모두 사용해도 좋고 양발의 패턴을 각각 만들어 사용해도 좋아요.

4. 발등 패턴을 반으로 접어 점선을 따라 윗부분을 잘라낸다.

5. 도톰하게 여러 장 겹친 수건 위에 발바닥 도안을 대고 그린다.

발등을 붙일 부분을 발바닥 면에 표시해주세요.

6. 수건을 여러 장 겹친 상태로 그린 선을 따라 박음질하고 시접을 0.5cm 남겨 자른다.

7. 다른 수건들을 여러 장 겹치고 그 위에 발등 도안을 대고 그린다.

8. ⑥과 같은 방식으로 사진처럼 박음질한 후 재단한다.

9. 만든 발등과 발바닥을 각각 누빈다.

10. 누벼서 준비한 발바닥과 발등을 각각 대보며 붙일 자리를 확인한다.

11. 바이어스 원단으로 폭 5cm짜리 바이어스를 만든다.

12. 발등 면의 위아래에 바이어스 처리를 한다.

13. 바닥과 발등을 연결한다.
⑤에서 발등 붙일 부분 표시한 것을 사용하면 좋아요.

14. 전체 바이어스 처리를 한다.

15. 바닥까지 바이어스로 감싸준다.

16. 실내화를 완성한다.

낡은 수건으로 만드는
세 가지 유용한 아이템

리사이클 32

찢어지고 해진 수건을 네모나게 잘라 마음에 드는 색상끼리 붙여 큰 원단을 만들어볼게요. 그렇게 해서 완성한 원단으로 다양한 아이템을 만들면 재활용의 재미를 느낄 수 있습니다. 이번에는 단순한 일자 박음질로만 만들 수 있게 준비했어요. 이제는 수건 하나도 그냥 버리지 마세요. 하나하나 따라 하다 보면 어느새 완벽한 작품이 탄생할 테니까요.

소요 시간	1시간
재료	수건, 퀼팅 솜, 원단, 12cm 바이어스 또는 바이어스용 원단, 솜, 가방 안주머니용 원단, 가방끈

영상 수업 바로 가기

1. 수건 중 불필요한 끝부분을 정리한다.

2. 작은 사각형으로 재단해 준비한다.

발 매트 만들기

3. 자른 수건을 겉면끼리 재봉해 가로 70cm, 세로 40cm의 퀼팅 원단을 만든다.

4. 퀼팅 솜과 원단도 각각 가로 70cm, 세로 40cm 크기로 준비한다.

5. ③과 원단 사이에 준비한 퀼팅 솜을 넣은 후 한번에 누벼준다.

6. 폭 12cm짜리 바이어스 원단을 준비한다.

7. ⑥의 원단을 연결해 바이어스를 만든다.

8. 바이어스로 테두리를 마감해 발 매트를 완성한다.

쿠션 만들기

9. ③과 같은 방식으로 만든 가로 54cm, 세로 39cm짜리 수건 원단의 끝부분을 라운드로 자른다.

10. 원단을 ⑨와 같은 크기로 자른다.
수건 2장을 잘라서 양면으로 사용해도 좋아요.

11. 겉면을 서로 마주 보게 놓고 점선을 따라 박음질한다. 이때 사진처럼 창구멍을 남긴다.

12. 창구멍으로 뒤집고 테두리에 바이어스를 친다.

13. 창구멍으로 솜을 넣은 후 창구멍을 막는다.

14. 손바느질로 쿠션을 누빈다.

15. 쿠션을 완성한다.

16. 원단을 가로 54cm, 세로 30cm로 1장 재단한다.

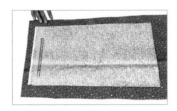

17. 안주머니용 원단을 가로 42cm, 세로 20cm로 재단하고 주머니를 만들어 단다.
안주머니 부분 봉제(p. 31) 참고

18. 반으로 접어 점선대로 박음질해 속지를 만든다.

19. 속지의 바닥 면을 접어 봉제해 간단하게 바닥을 만들어도 좋다.

20. ③과 같은 방식으로 수건 퀼팅 원단을 만들어 속지와 같은 크기의 겉지를 만들고, 겉지 안에 속지를 넣는다.

21. 입구를 바이어스 처리한다. 남은 바이어스 원단으로 고리를 만들어 달고 가방끈을 연결해 완성한다.

사은품으로 받은 수건으로
귀여운 아동복 만들기

리사이클 33

사은품으로 받은 수건은 대개 옷장 깊숙한 곳에 방치하곤 하죠. 이제는 상자에서 꺼내 뽀송뽀송 귀여운 옷으로 재탄생시켜보세요. 멜빵이 달린 아동복이라 아이에게 입혀보며 치수를 가늠하고 만들면 좋습니다. 허리에 고무줄을 넣어 아이들이 활동하기 편해요. 촉감에 예민한 아이들도 보들보들한 수건의 감촉 덕분에 자주 입게 될 거예요. 얼른 도전해볼까요?

소요 시간	2시간
재료	수건, 원단, 속지용 원단, 심지, 가방끈, 단추, 고무줄, 자석 단추(가방용)

영상 수업 바로 가기

멜빵바지 만들기

1. 수건을 반 접은 후 잘라 2장으로 만든다.

2. 그대로 반을 접어 밑위가 될 부분을 가로 6cm로 재 점선 모양대로 잘라준다.

3. 자른 수건 2장을 포개놓고 한쪽 부분만 2cm 안쪽으로 들여 점선대로 비스듬히 재단한다.

4. 윗부분 길이를 정리하고 점선대로 박음질한다.

5. ④를 펼친 후 점선 부분을 박음질한다.

6. 오버로크 처리하고 뒤집는다.
수건 2장을 잘라 양면으로 사용해도 좋아요.

7. 무릎에 댈 동그라미의 도안을 만든다.

8. 도안대로 원단 2장을 재단해 마주 보게 겹쳐 박음질하고(창구멍 필요) 가윗밥을 내 창구멍으로 뒤집는다.

9. ⑧을 양 무릎에 버튼홀 스티치로 바느질해 고정한다.

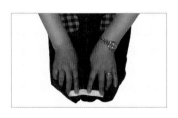

10. 바지의 허리에 고무줄을 적당한 크기로 재단한다.

11. 허리 부분을 펼쳐 고무줄을 고정해 박음질한다.

12. 한번 접어 박음질해 고무줄 바지를 만든다.

13. 남은 수건으로 멜빵 배 부분을 사진처럼 2장 재단한 후 점선대로 표시한다.

14. 2장을 겹쳐 ⑬의 표시대로 창구멍을 남겨 박음질한 후 창구멍으로 뒤집는다.

15. 뒤집은 후 상침해 멜빵의 배 부분을 만든다.

16. ⑫에서 완성한 바지에 멜빵의 배 부분을 이어 붙인다.

17. 원단에 심지를 폭 2.5cm로 붙여 두 세트를 만든다.

18. 점선을 따라 박음질하고 창구멍을 남긴다.

19. 창구멍으로 뒤집는다.

20. 상침해서 멜빵 어깨끈을 완성한다.

21. 어깨끈과 단추를 달아 멜빵을 완성한다.

가방 만들기

22. 원하는 가방 높이의 2배 길이로 수건을 자르고 양쪽에 원단을 덧대 준비한다.

골선으로 재봉할 거라 높이가 2배예요. 따로 1장씩 재봉한다면 높이는 원하는 높이로 해서 2장으로 준비해주세요.

23. 골선으로 반을 접어 점선대로 양쪽을 재봉한다.

24. 원하는 크기로 밑부분을 접어 양쪽을 재봉해 가방의 바닥을 만든다.

25. 같은 방식으로 가방 속지를 만들고 바닥을 재봉한다. 이때 속지에는 창구멍을 남긴다.

26. 수건을 라운드해 가방 뚜껑을 만든다.

27. 속지 안에 겉감을 넣고 입구를 재봉한다.

28. 속지의 창구멍으로 뒤집는다.

29. 가방용 자석 단추와 뚜껑을 달아준다.

30. 가방끈을 달아 완성한다.

안 쓰는 러그가
명품 가방으로 변신

리사이클 34

안 쓰는 러그가 재활용 소재라고 생각하지 못할 만큼 고급스러운 디자인의 가방으로 변신합니다. 중간 사이즈의 백이라 언제 어디서든 들 수 있어요. 간단한 박음질만 익히면 뚝딱 만들 수 있죠. 힘 있는 러그 재질이라면 바닥판이 없어도 되지만 얇은 러그라면 가방 바닥 부자재를 활용해보세요. 안감과 겉감 사이에 넣어 판판하게 만들어도 좋고, 가방 바닥을 원단으로 감싸기만 해도 좋습니다. 가방끈도 원하는 색상으로 달아보세요.

소요 시간	1시간
재료	러그, 안감용 원단, 지퍼, 가죽끈

영상 수업 바로 가기

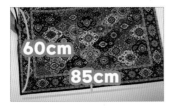

1. 러그의 테두리를 정리하고 가로 85cm, 세로 60cm로 재단한다.

2. 안감도 같은 크기로 잘라서 준비한다.

3. 안감에 달 안주머니를 가로 45cm, 세로 60cm 크기로 만든다.

원하는 크기로 만들어도 좋아요. 가방 안주머니 만들기(p. 31) 참고

4. 안감 2장을 ㄷ 자로 재봉한다. 이때 뒤집을 창구멍을 남긴다.

5. ④의 바닥을 삼각형으로 접어 10cm 길이로 박음질하고 시접을 조금 남긴 후 자른다.

6. ①의 러그를 반으로 접어 점선 모양으로 박음질한다.

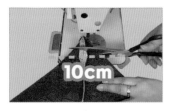

7. 바닥을 삼각형으로 접어 10cm 길이로 박음질하고 시접을 남겨 재단한다.

8. 러그로 가방 겉감을 완성한다.

9. 거꾸로 뒤집은 겉감 안에 완성된 안감을 넣는다.

10. 안감과 겉감의 끝부분을 맞추어 시침핀으로 고정한다.

11. 입구를 박음질한다.

12. 사진처럼 바닥 면끼리 박음질해 고정한다.

13. 속지의 창구멍으로 뒤집는다.

14. 입구를 상침한 후 손바느질로 가죽끈을 달아 완성한다.

☐ EASY ☐ MEDIUM ☐ HARD

재사용 가능한
에코 백 만들기

리사이클 35

물건을 살 때도, 간단한 용품을 담을 때도 비닐봉지나 종이 쇼핑백 대신 에코 백을 만들어 활용해보세요. 환경에도, 나에게도 좋은 데다 가볍게 들고 다닐 수 있는 가방을 간단하게 만들어볼까요? 원하는 치수의 종이 쇼핑백을 잘라 내 도안으로 만들면 에코 백을 여러 개 만들 수 있어요. 용도에 따라 안감을 방수 천으로 만들어도 좋답니다. 옷으로 만들어 세탁하기도 쉬워 언제든 유용하게 사용해보세요.

소요 시간	1시간
재료	본뜰 종이 쇼핑백, 퀼팅 솜, 청바지, 원단

영상 수업 바로 가기

1. 본뜨고 싶은 쇼핑백을 잘라서 펼친다.

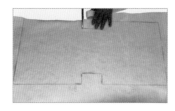

2. 퀼팅 솜에 쇼핑백을 대고 본뜬다.

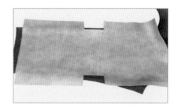

3. ②의 길이에 맞추어 청바지를 자른다.

4. 펼친 청바지에 퀼팅 솜을 다려 접착한다.

5. 시접 2cm를 두고 자른다.

6. 4cm 간격으로 누빈다.

7. 청바지에서 떼어낸 주머니를 달아준다.

8. 반을 접어 점선대로 박음질한다.

9. 남은 청바지에 같은 방식으로 안감을 만들어 박음질하고 창구멍을 남긴다.
누비지는 않습니다.

10. 청바지 2장 모두 바닥 면을 8cm 로 재봉해 바닥을 만든다.

11. 쇼핑백의 손잡이를 자로 잰다.

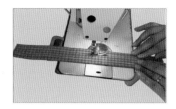

12. 자로 잰 크기대로 원단을 잘라 (폭은 시접 포함 4.5cm) 손잡이를 만 들어 겉감에 붙인다.

13. 거꾸로 뒤집어놓은 겉감 속에 안 감을 넣어 입구를 박음질한다.

겉감만 거꾸로 뒤집은 상태여야 합니다.

14. 창구멍으로 뒤집고 구멍을 막아 완성한다.

낡은 부츠를 잘라 멋진
가죽 가방으로 변신시키기

리사이클 36

가죽 부츠를 조금만 손봐서 작은 가죽 가방을 만들어볼까요? 편하게 들고 다 닐 수 있는 유용한 아이템이에요. 잘 드는 가위로 가죽 부츠를 요리조리 잘라 보세요. 만들기 쉽고 부츠 색상에 따라 다양한 디자인으로 연출할 수 있어요. 단, 너무 두꺼운 부츠는 난도가 높으니 피해주세요.

소요 시간	1시간
재료	부츠, 아일릿, 가방끈(입구에 넣을 끈과 가방에 달 끈), 가방 고리, 원단

영상 수업 바로 가기

1. 부츠의 발목 라인을 각각 자른다.

2. 자른 발목 부분을 각각 깔끔하게 정리한다.

3. 각각 반으로 잘라 펼친다.

4. ③의 두 가죽을 겉면이 마주 보도록 겹친 후 점선대로 재단한다.

5. ④의 상태에서 각 가죽의 얇은 안감을 1장씩 벗겨내 아래로 접어 내린 후 그 상태로 두 가죽을 점선대로 창구멍을 남겨 박음질한다.

6. 바닥 산을 8cm로 만들고 시접을 남긴 후 자른다.

7. 완성된 ⑥을 창구멍으로 뒤집는다.

8. 창구멍을 막는다.

9. 안감으로 사용할 윗부분을 눌러 넣는다.

10. ⑨에서 완성한 겉감의 가로를 재고, 세로는 2배 크게 재단해 가방 원단 4장을 준비한다(겉지 2장, 속지 2장).

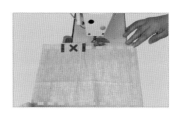

11. ⑩에서 준비한 원단을 2장씩 겹쳐 점선대로 박음질해 안주머니를 2장 만든다. 이때 안감에만 창구멍을 남긴다.

12. 가운뎃부분에 아일릿을 박는다.
아일릿을 달 수 있는 스냅기를 이용해도 좋고, 그냥 구멍을 뚫어도 좋아요.

13. 뒤집은 안감 안에 겉감을 넣어 입구 테두리를 재봉하고 창구멍으로 뒤집는다.
안감만 거꾸로 뒤집은 상태여야 합니다.

14. 끈이 들어갈 아일릿 라인을 따라 박음질한다.

15. 아일릿 구멍으로 끈을 넣는다.

16. 끈을 넣어 완성한 안주머니 가방.

17. 안주머니 가방을 겉가방에 넣는다.
바닥 모서리를 바느질해 고정하면 좋아요.

18. 끈을 달고 가방 고리를 달아 완성한다.

청바지로
귀여운 슬리퍼 만들기

리사이클 37

청바지 한 벌이면 누구나 뚝딱 슬리퍼를 만들 수 있어요. 정말 쉽고 간단하죠.
발 치수에 맞는 도안을 만들고 청바지를 누비면 실내화가 완성됩니다. 신발 밑
창이나 에바폼으로 바닥을 만들고 나만의 캐릭터를 그려 만든 인형으로 장식
해 어디에도 없는 실내화를 만들어볼까요?

소요 시간	1시간
재료	청바지, 퀼팅 솜, 원단, 바이어스용 원단, 에바폼(또는 신발 밑창)

영상 수업 바로 가기

1. 신발을 종이에 대고 본을 뜬다.

2. 그려놓은 바닥 부분을 잘라낸다.

3. 종이를 발등 부분에 대고 눌러 도안을 만들어 잘라낸다.

4. 만든 발등과 발바닥 도안을 청바지에 대고 재단한다.

한쪽 도안을 뒤집어 반대쪽 발 도안으로 사용해도 돼요.

5. 발등 도안과 같은 크기로 퀼팅 솜을 재단한다.

6. 바닥 부분은 쿠션감을 위해 솜을 여러 장 재단한다.

7. 발등과 바닥 부분을 각각 솜과 겹쳐 적당한 폭으로 누빈다.

촘촘하게 누벼도 좋고 넓게 누벼도 좋아요.

8. 장식할 그림을 그리거나 프린팅해 준비한다.

9. ⑧을 원단에 그려 솜과 함께 재봉한다.

10. 발등과 바닥 길이에 맞추어 바이어스를 만든다.

11. 발등 부분의 위아래에 바이어스를 달아준다.

바이어스 부분 봉제(p. 32) 참고

12. ⑨를 발등에 재봉해 장식한다.

13. 발등과 발판 부분을 이어준 후 테두리 위쪽을 바이어스 친다.

14. 발바닥 모양대로 자른 에바폼을 신발 밑부분에 글루건이나 본드로 붙이고 남은 바이어스도 바닥에 붙인다.

15. 같은 크기로 자른 에바폼을 한 겹 더 붙여 마무리한다.

16. 캐릭터에 원하는 얼굴을 그려 장식해 완성한다. 동일한 방식으로 반대쪽도 만들어준다.

안 쓰는 무릎 담요로 만드는
가방과 조끼

리사이클 38

함께 코디하기 좋은 가방과 조끼를 담요로 만들어볼까요? 겨울에 가볍게 걸치기 좋은 양털 조끼의 패턴을 그려 다양한 원단으로 만들어보세요. 안감을 뒤집어 양면으로 활용할 수 있도록 해 실용성도 함께 잡았습니다. 어렵지 않으니 차근차근 만들어보세요. QR코드를 찍어 영상을 보며 만들어도 좋아요. 아무도 담요의 변신을 눈치채지 못할 거예요.

소요 시간	2시간
재료	담요, 안감용 원단, 고무줄, 가방 바닥 부자재, 가방끈

영상 수업 바로 가기

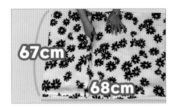

1. 무릎 담요를 가로 67cm, 세로 68cm로 자른다.

2. 안감으로 사용할 원단을 같은 크기로 2장 자른다.

3. 안감과 겉감을 각각 1장씩 겹쳐 반으로 접어 상의 앞판 패턴을 그리고 재단한다. 다시 남은 안감과 겉감을 겹쳐 반으로 접은 후 상의 뒤판 패턴을 그리고 재단한다.

기본 상의 패턴(p. 25) 참고. 상의 앞판은 가운데를 재단해 분리합니다.

4. 재단한 안감에 각각 시접 1cm씩 표시한다.

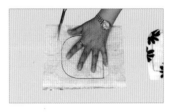

5. 주머니를 가로 14.5cm, 세로 13cm로 그려 8장을 준비하고 각각 2장씩 겹쳐 재봉해 주머니 4개를 만든다.

담요 원단 4장, 안감 원단 4장을 잘라 겉감용 주머니 4개와 안감용 주머니 4개를 만듭니다.

6. 겉감과 안감의 각 앞판에 주머니를 좌우 1개씩 붙인다.

7. 겉감과 안감의 각 앞판에 원하는 크기로 표시처럼 다트를 잡아준다.

다트 부분 봉제(p. 37) 참고

8. 겉감 앞판과 뒤판의 어깨선을 박아 연결한다. 동일한 방식으로 안감 앞판과 뒤판의 어깨선도 연결한다.

9. 겉감과 안감의 어깨선을 가름솔로 다린다.

10. 겉감과 안감을 겉면이 마주보도록 놓고 점선대로 박음질한다.

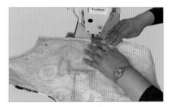

11. 겉감의 앞판과 뒤판의 옆 선을 박음질한다. 동일한 방식으로 안감의 앞판과 뒤판의 옆 선도 박음질한다.

12. 밑단을 창구멍을 남겨 박음질하고 뒤집은 후 창구멍을 막아 양면 조끼를 완성한다.

스트링 가방 만들기

13. 담요 2장, 안감 2장을 가로 25cm, 세로 30cm로 준비한다.

#: 폭 3cm

14. 담요를 각각 겉면이 마주 보도록 겹친 후 ㄷ 자로 박음질한다. 이때 #은 재봉하지 않는다. 동일한 방식으로 안감도 재봉한다. 안감에는 창구멍을 남긴다.

15. 각각 바닥 산을 8cm로 재봉하고 자른다.

16. 거꾸로 뒤집은 안감 안에 겉감을 을 넣는다.

17. 입구를 재봉한다.

18. 창구멍으로 뒤집은 후 가방 바닥 부자재를 창구멍으로 넣어 마감한다.

19. #을 박음질하고 고무줄을 넣는다.

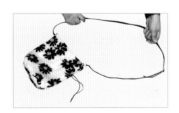

20. 가방끈을 달아 완성한다.

청바지로 포근한
겨울 실내화 만들기

리사이클 39

그냥 버리자니 아깝고, 신자니 더러워진 실내화가 있나요? 늘 신던 실내화로
본을 뜨고 기모 청바지를 활용해 부드럽고 포근한 겨울 실내화를 만들어볼게
요. 자꾸만 신고 싶어질 거예요. 청바지를 리폼해 실내화를 만들고 남은 부분
으로 리본을 만들어 장식해보세요. 청바지 한 벌로 두 켤레나 만들 수 있어요.

소요 시간	1시간
재료	실내화, 안감 있는 청바지(기모 청바지), 바이어스, 신발 바닥 부자재나 스펀지

영상 수업 바로 가기

1. 실내화 바닥을 분리한다.

2. 안 입는 기모 청바지에 실내화 바닥을 본뜬다.

일반 청바지에 극세사를 덧대도 좋아요.

3. 시침핀으로 2장을 고정한 후 잘라낸다.

4. 같은 방법으로 발등도 잘라낸다.

5. 실내화 바닥에 ③을 박음질한다.

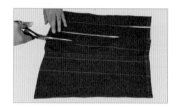

6. 청바지로 폭 5cm짜리 리본을 2개 만든다.

리본 하나에 1장씩 사용할 거예요.

7. 발등을 2cm로 누벼준다.

8. 발등 위아래에 바이어스를 치고 ⑥에서 만든 리본을 점선처럼 양쪽 발등에 하나씩 붙인다.

9. 붙인 리본을 여러 겹 접어 붙여 리본 모양을 만든다.

10. 발등과 바닥을 붙이고 전체 바이어스를 친다.

11. 신발 바닥 부자재나 스펀지를 글루건으로 붙여 바닥을 한번 더 마감한다.

12. ⑨에서 붙인 리본을 묶어 완성한다.

□EASY   □MEDIUM   □HARD

얼룩진 손뜨개 식탁보로 만드는
사랑스러운 뜨개 옷 한 벌

리사이클 40

군데군데 얼룩진 손뜨개 식탁보가 있나요? 레이어드하기 좋은 슬리브리스와 치마를 만들고 남는 천으로는 모자를 장식해 여름철에 예쁘게 코디해보세요. 뜨개의 올이 풀리는 것을 방지하려면 종이테이프를 붙여 재봉하세요. 허릿단 만들기는 34 페이지를 참고해 만들어봅시다. 만드는 법이 생소하게 느껴진다면 QR코드를 찍어 영상으로 확인해보세요.

소요 시간	1시간
재료	손뜨개 식탁보, 종이테이프, 안감용 원단, 고무줄, 레이스, 비즈

영상 수업 바로 가기

237

치마 만들기

1. 식탁보 한쪽을 허리에 맞춰 2장 잘라 펼친다.

2. 올이 풀리는 것을 방지하기 위해 재단한 부분에 종이테이프를 붙인다.

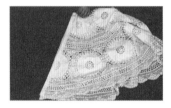

3. 종이테이프를 붙인 부분들을 맞 댄다.

4. ③을 오버로크한다.

5. 안감 원단에 ③을 대고 2장 그린다.

6. 시접(1cm)을 남겨 재단한다.

7. 안감을 오버로크한다.

8. 오버로크한 안감을 2개 겹쳐 양 옆 선을 박음질한다.

9. 식탁보와 안감을 함께 재봉한다.

10. 허릿단을 만들어 달고 오버로크 한다.
허릿단 부분 봉제(p. 34) 참고

11. 고무줄에 클립을 끼우고 허리 밴 드에 넣는다.

12. 밴드 끝부분을 박음질로 마감해 고무줄 치마를 완성한다.

상의 만들기

13. 식탁보를 반 접고 기본 상의(p. 25) 패턴을 그려 앞판 2장, 뒤판 1장을 준비한다.

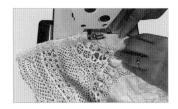

14. 자른 단면에 종이테이프를 붙이고 오버로크로 마감한다.

15. 재단한 식탁보 앞판과 뒤판을 겹쳐 옆 선과 어깨를 박음질한다.

16. 목과 팔 부분에 레이스를 달아 마감한다.

모자 장식하기

17. 모자에 손뜨개를 잘라 붙인다.

18. 원형으로 손뜨개를 자른다.

19. 손뜨개를 고깔 모양으로 접는다.

20. 여러 개 접은 손뜨개를 바느질로 이어 붙인다.

21. 고깔 모양으로 접은 손뜨개를 여러 개 붙여 코르사주를 만들어 모자에 단다. 비즈로 장식해 완성한다.

유행 지난 식탁보로
고급스러운 가방 만들기

리사이클 41

식탁보의 변신 2탄! 이번에는 어떤 것으로 변신시킬까요? 캐주얼하고 스타일리시한 가방으로 뚝딱 리폼해보세요. 바닥 면이 동그란 가방 만드는 법을 배워볼 텐데, 아일릿 스냅기가 없다면 칼집을 내도 멋스럽게 연출할 수 있어요. 방수 천으로 안감을 만들어도 좋고 가방 안감이나 안 입는 옷 등을 활용해도 좋아요. 원단과 식탁보의 리폼으로 무드 있는 가을 분위기를 물씬 느껴보세요.

소요 시간	1시간
재료	식탁보, 접착 심지, 패턴 원단, 안감용 원단, 방수 천, 끈, 아일릿, 접착 솜

영상 수업 바로 가기

1. 식탁보가 늘어나는 것을 방지하기 위해 접착 심지를 가로 71.5cm, 세로 29cm로 두 줄 붙인다.

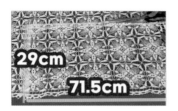

2. 가로 71.5cm, 세로 29cm로 재단한다.

3. 같은 크기로 안감을 재단한다.

4. ②와 ③을 겹쳐 함께 박음질해 고정한다.

5. 패턴 원단을 가로 71cm, 세로 8.5cm로 길게 잘라준다.

6. ④의 윗부분에 ⑤를 박음질하고 안감 원단 아래에 접착 솜을 붙인다.

7. 테두리를 한번 더 고정해 박음질한다.

8. 튀어나온 접착 솜을 잘라 정리해준다.

9. 남은 안감 원단에 가로 24.5cm, 세로 18cm의 사각형을 그리고 모서리를 둥글게 잘라 타원을 만든다.

사진처럼 도안을 먼저 떠서 대고 재단해도 좋아요.

10. 접착 솜을 붙이고 테두리를 박음질한 후 누벼 바닥 면을 만든다.

11. 방수 천 위에 ⑧을 올려 같은 크기로 재단한다.

12. 같은 방식으로 ⑩과 같은 크기의 방수 천도 재단해 준비한다.

13. ⑩의 바닥 면을 ⑧의 바닥 부분에 겉면이 마주 보게 놓는다. 이때 바닥 부분과 원단의 끝이 서로 맞닿게 놓는다.

14. 맞댄 끝부분 테두리끼리 감싸 연결한다.

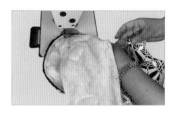

15. ⑭를 박음질해 바닥 부분을 만든다.

16. ⑬~⑮와 같은 방식으로 방수 천을 재봉해 안감을 완성한다.

17. 겉감과 안감 바닥 면끼리 붙인다.

18. 겉감이 보이게 뒤집어준다.

19. 겉감과 안감의 입구 테두리를 박음질해 고정한다.

20. 안감 원단으로 5cm짜리 바이어스를 만든다.

같은 색상의 바이어스 리본을 사용해도 좋아요.

21. 겉감과 안감의 입구 테두리를 바이어스 처리한다.

22. 아일릿을 달아준다.

23. 끈을 달아 완성한다.

안 쓰는 손수건으로 만드는
멋진 데일리 가방

리사이클 42

방치해둔 손수건을 준비해 차근차근 따라 해보세요. 어느덧 가방으로 변해 있을 거예요. 이 가방은 만드는 법을 유심히 봐주세요. 재봉 초보라면 앞에 소개한 가방들로 리폼 연습을 한 후 도전해도 좋아요. 조금 어렵게 느껴진다면 QR 코드를 찍어 영상과 함께 만들어보세요. 이번에는 만드는 방법이 조금은 복잡해 만들기 쉽게 순서별로 정리했어요. 책 순서대로 따라 하며 영상을 참고해 도전해보세요! 성취감을 가득 느낄 수 있을 거예요.

소요 시간	2시간
재료	손수건, 퀼팅 솜(접착 솜), 가방 부자재(선택), 리본, 버클

영상 수업 바로 가기

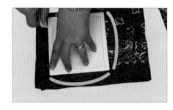

1. 여러 색상의 손수건을 재단해 가로 13cm, 세로 14cm짜리 12장을 준비한다(본판용).

가로세로 사이즈 중 1cm는 시접이에요.

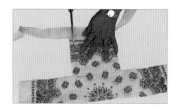

2. 옆판용 손수건에 가로 11cm, 세로 14cm짜리 4장, 밑판용 손수건에 가로 36cm, 세로 12cm짜리 1장을 재단한다.

3. ①을 3장 연결한다.

4. ③ 아래에 3장을 더 연결해 본판을 만든다. 같은 방법으로 본판 1장을 더 만든다.

5. 옆판용 손수건 2장을 연결해 옆판을 만든다. 같은 방법으로 옆판을 1장 더 만든다.

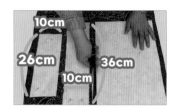

6. 가로 10cm, 세로 26cm짜리 2장, 가로 36cm, 세로 10cm짜리 1장으로 자른 퀼팅 솜을 손수건에 대고 자른다. 이때 시접을 1cm로 둔다.

7. 같은 과정으로 퀼팅 솜 가로 36cm, 세로 26cm짜리 2장을 손수건에 대고 자른다.

8. ⑦의 테두리를 퀼팅 솜과 함께 박음질한다.

9. 표시처럼 5cm 간격으로 누빈다.

10. 같은 방식으로 ⑥을 누벼 퀼팅 솜과 함께 고정해 준비한다.

11. 완성한 본판 중 1장을 ⑨의 안감 1장과 속면이 마주 보게 놓고 테두리를 박음질한다. 나머지 본판과 안감도 겹쳐 테두리를 박음질한다. 동일한 방식으로 옆판과 바닥판도 각각 안감에 붙여준다.

12. 본판과 옆판끼리 박음질해 연결한다.

13. ⑫에 바닥판을 박음질해서 연결한다.

14. 노출되는 손수건 연결 부분에 가윗밥을 넣어 장식한다.

가방끈 만들기

6.5cm

15. 남은 손수건 천 사이에 접착 솜을 넣어 6.5cm 폭으로 가방끈을 만든다. 이때 창구멍은 남긴다.

16. 시접을 최대한 적게 남기고 잘라 낸다.

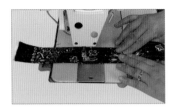

17. 창구멍으로 뒤집고 누벼서 준비한다.

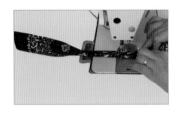

18. 양쪽을 10cm 남기고 접어서 박음질한다.

19. 짧은 손잡이를 완성하고 동일한 방식으로 1개 더 만들어준다.

20. 같은 과정으로 긴 가방끈을 만들고 리본으로 장식한다.

가방 부자재 D 고리를 달아주어도 좋아요.

가방 닫개 만들기

21. 남은 손수건 천을 2장 겹치고 그 아래에 접착 솜을 넣어 직사각형으로 표시한 후 라운드를 그린 다음 박음질한다.

라운드와 옆면만 박음질하고 나머지 면은 창구멍으로 남깁니다.

22. 시접을 최대한 적게 남기고 잘라낸 후 솜이 천 사이에 가도록 뒤집는다.

23. 상침한다.

24. 닫개에 버클을 달고 가방에 달아준다.

25. 긴 가방끈과 가방 닫개를 붙여
완성한다.

☐ EASY ☐ MEDIUM ☐ HARD

잠자고 있는 샤워 타월로 만드는 귀여운 아동용 원피스

리사이클 43

잘 사용하지 않는 큰 수건이 있나요? 순식간에 귀여운 아동복으로 리폼해볼게요. 이번에는 아동복 패턴을 익히는 연습을 해보세요. 아이가 자주 입는 옷 길이를 재서 만들어도 좋아요. 여성복과 다르게 아동복에는 배 여유분을 주어야 한다는 것에 신경 쓰며 재봉해보세요. 촉감에 예민한 아이들도 부드러운 타월로 만든 옷이라면 자주 입게 될 거예요.

소요 시간	2시간
재료	샤워 타월, 바이어스, 지퍼, 치마 고리, 원단, 가방끈

영상 수업 바로 가기

1. 샤워 타월을 반으로 접어 가로세로 45cm 크기로 넉넉하게 자른다.

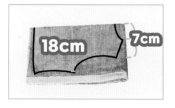

2. 다시 반으로 접어 앞품, 진동 치수대로 패턴을 그린다.

기본 상의 패턴(p. 25) 참고. 아동용 치수로 바꿔 그립니다.

3. 그린 패턴대로 시접을 주고 재단한다.

4. 그중 1장은 반을 잘라 2장으로 만들어 앞판으로 사용한다.

넉넉히 잘라 배 부분을 여유롭게 만들어도 좋아요.

5. 샤워 타월을 2장 겹쳐 주머니를 재단한다.

6. 원단에 주머니를 대고 박음질한 후 창구멍으로 뒤집는다.

시접은 조금만 주어야 편해요.

7. 주머니는 원하는 개수로 만든다.

예)상의에 2개, 치마에 2개 등

8. 앞 · 뒤판의 어깨선과 옆 선을 오버로크하고 앞판과 뒤판을 박음질한다.

9. 전체 테두리와 진동을 바이어스로 마감한다.

바이어스 부분 봉제(p.32) 참고

10. 주머니를 달아준다.

11. 지퍼를 달아 상의를 완성한다.

지퍼 부분 봉제(p.33) 참고

12. 두 번 접은 타월에 허리 치수에 맞게 치마 패턴을 그려 자른다.

기본 스커트 패턴(p. 29) 참고. 아동용 치수로 바꿔 그립니다.

13. 치마 옆 선을 오버로크하고 지퍼 부분을 제외한 옆 선을 점선대로 박음질한다.

14. 지퍼를 단 후 허릿단을 붙이고 고리를 달아준다.

15. 주머니를 달고 바이어스로 치마를 완성한다.

가방 만들기

16. 수건을 2장으로 재단해 점선대로 재봉해 가방을 만든다.

17. 원단에 인형 등 그림을 그려 장식을 만든다.

18. 가방을 장식하고 끈을 달아 완성한다.

안 입는 잠옷으로
멋진 옷 완성하기

리사이클 44

이번에는 입지 않는 옷의 앞 선을 잘라내고 마무리해서 단추를 다는 연습을 해 볼 거예요. 화려한 패턴의 옷도, 단정한 패턴의 옷도 좋아요. 같은 디자인으로 만들어도 각기 다른 소재로 만들면 색다른 분위기가 난다는 것이 리폼의 장점 이죠. 작아진 옷도 버리지 마세요. 다시 돌아보면 쓸모가 있을 거예요.

소요 시간	1시간
재료	잠옷이나 큰 원피스, 접착 심지, 10cm 바이어스, 단추, 청 리본, 고무줄

영상 수업 바로 가기

1. 허리 부분을 잘라 A, B로 나눈다.

2. B를 점선대로 자른다.

3. 자른 면의 왼쪽 솔기에 접착 심지를 붙인다.

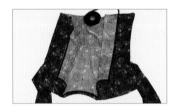

4. 자른 면의 오른쪽 솔기에도 마찬가지로 접착 심지를 붙인다.

5. 안쪽 밑단에도 접착 심지를 붙인다.

6. 재단되어 노출하는 모든 곳에 접착 심지를 다려 붙여준다.

7. 10cm짜리 바이어스를 준비하거나 원단으로 만들어준다.

8. 목 부분을 제외하고 전체 바이어스를 친다.
바이어스 부분 봉제(p. 32) 참고

9. 밑단에 다트를 넣거나 접어 박기한다.
양쪽에 다트를 넣으면 슬림한 상의를 만들 수 있어요. 다트 부분 봉제(p.37) 참고

10. 단추 단과 소매에 넓은 바이어스를 박음질한다.

11. 단추 고리와 단추를 만들어 달아준다.
바이어스를 여러 번 말아 박기 해서 단추 고리를 만들어줍니다.

상의 만들기

12. 목 부분 등을 청 바이어스 리본으로 장식해 완성한다.

치마 만들기

13. A의 옆쪽에 18cm까지 트임을 준다.

14. 자른 바이어스를 이용해 폭 10cm의 허릿단을 만들어준다.

허릿단 부분 봉제(p. 34) 참고

15. A에 허릿단을 만들어 달아준다.

16. 고무줄을 핀셋에 끼워 허릿단에 넣고 마감한다.

17. 트임을 바이어스로 마감하고 주머니 장식을 달아준다.

18. 트임 위쪽에도 ⑪과 같은 방식으로 단추를 2개 달아 고무줄 치마를 완성한다.

안 입는 잠옷으로
보디 필로 만들기

리사이클 45

이번에는 안 입는 잠옷을 잘라 쿠션을 만들어볼 거예요. 가볍고 부드러운 소재로 만들면 더 좋아요. 기본 박음질로 간단하게 만들 수 있어요. 본문에 소개한 대로 박음질한 후 솜을 채워 넣기만 하면 완성되죠. 세상에 쓸모없는 것은 하나도 없습니다!

소요 시간	1시간
재료	잠옷, 솜

영상 수업 바로 가기

1. 원하는 크기로 도안을 그린다.

2. 잠옷의 허리 밴드를 잘라낸다.

3. 바지를 뒤집어 양쪽 부분에 도안을 대고 그린다.

4. 쿠션의 전체 길이와 모양을 디자인한다.

5. 창구멍을 남기고 패턴대로 박음질한다.

손가락 부분은 뒤집기 전에는 재봉하지 않아요.

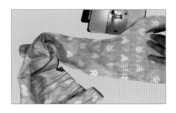

6. 시접을 1.5cm로 두고 모서리는 가윗밥을 낸다.

7. 전체를 오버로크 처리한다.

8. 창구멍을 통해 뒤집는다.

9. 뒤집은 후 손 부분을 박음질한다.

10. 하트 모양도 창구멍을 남기고 박음질한다.

11. 하트 속에 솜을 채워 넣고 창구멍을 막는다.

12. 나머지 부분에도 솜을 채워 넣고 창구멍을 막아 완성한다.

PART 06
조금은 특별한 재료

얼룩지고 구멍 난 손뜨개를
잘라 아동복 만들기

리사이클 46

구멍 난 손뜨개로 귀여운 아이 옷을 만들어볼까요? 사용할 청바지의 색상에 따라 다르게 연출할 수 있어요. 손뜨개와 같은 색상의 레이스를 사용해 장식 하면 훨씬 예쁘게 완성할 수 있어요. 따라 하다 보면 소매 모양을 익히고 패턴 대로 재봉하는 연습을 할 수 있어요. 만들기 어렵다면 QR코드를 찍어 영상과 함께 연습해보세요. 어느새 아동복 한 벌이 완성되어 있을 거예요.

소요 시간	1시간
재료	청바지, 손뜨개, 원단, 접착 심지, 레이스, 지퍼, 단추

영상 수업 바로 가기

치마 만들기

1. 청바지 안쪽 가랑이 사이를 잘라 펼치고 2장을 포개 밑에서부터 20cm, 30cm로 자른다.

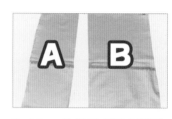

2. 20cm로 자른 것을 A(2장), 30cm로 자른 것을 B(2장)로 해서 준비한다.

3. A를 반으로 접고 허리 치수의 반을 표시한다. 이때 여유분으로 1cm를 둔다.

4. 18~20cm 정도로 밑단 폭을 표시해 그림처럼 패턴을 그린다.

5. 옆 선을 부드럽게 굴려 2장 재단한다.

6. A 중 1장에 주머니를 만든다(선택).

7. 남은 A 1장을 반으로 잘라 지퍼를 달아준다.

8. A 2장의 겉면을 서로 마주 보게 겹쳐놓고 옆 선을 박음질한다.

9. 밑단 크기와 비슷하게 자른 손뜨개에 늘어나는 것을 방지하기 위해 접착 심지를 다려 붙이고 오버로크한다.

조각보 길이가 짧다면 2개를 이어 박음질해주세요.

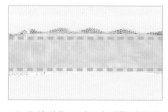

10. ⑨와 같은 크기로 속지를 자른다.

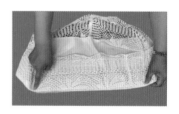

11. A 밑단에 함께 박음질한다.

12. 지퍼를 완성한다.
지퍼 부분 봉제(p. 33) 참고

13. 남은 바지로 허릿단을 만들어준다.
허릿단 부분 봉제(p. 34) 참고

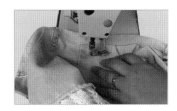

14. 청바지에서 벨트 고정대를 떼내 붙여 장식해 완성한다.

상의 만들기

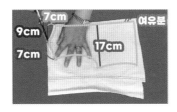

15. B를 반 접고 사이즈에 맞게 앞뒤 패턴을 그려 재단한다.

16. 앞판과 뒤판을 맞대놓고 점선처럼 어깨와 옆 선을 표시한다. 이때 앞판은 가운데를 재단한다.

17. 표시한 어깨와 옆 선을 박음질하고 오버로크 친다.

18. 손뜨개에 소매 모양을 그리고 접착 심지를 붙여 오버로크한다.
기본 소매 패턴(p. 27) 참고. 아동용 치수로 바꿔 활용하세요.

19. ⑱의 소매를 몸판에 붙이고 앞판에 단추를 단다.

20. 남은 청바지에 주머니를 그리고, 레이스를 주머니 위에 바로 대고 박음질한다.

21. 뒤집어 안쪽으로 레이스를 넣고 상침한다.

22. 주머니를 달고 밑단에 레이스를 달아 장식해 마무리한다.

재봉하고 남은 조각과 프라이팬으로 리스 만들기

리사이클 47

버리지 못하고 아까워 보관해둔 원단 조각도 활용해볼까요? 완전히 새로운 아이템으로 변신할 거예요. 이번에는 기본 박음질을 이용해 간단한 인형 만드는 연습을 할 수 있게 준비했어요. 본문을 참고해 원하는 인형을 만들어 귀여운 리스를 완성해보세요.

소요 시간	1시간
재료	원단 조각, 마 끈, 솜, 프라이팬, 그릇, 테이프, 상자

영상 수업 바로 가기

1. 종이에 프라이팬을 대고 따라 그린다.

2. 그릇으로 안쪽에 작은 원을 그린다.

3. 인형들을 도안 위에 그려준다.

4. 도안을 잘라 준비한다.

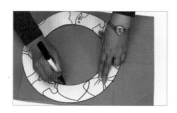

5. ①, ②번과 같은 방식으로 도안을 1개 더 만든 후 상자에 대고 그려 자른다.

6. 자른 상자를 테이프로 감는다.

7. 마 끈을 칭칭 감아준다.

8. 끈을 감아 완성한 모습.

9 자른 도안을 원단에 대고 그려 재단한다.

10. 창구멍을 남기지 않고 박음질한다.

꺾이는 부분은 가윗밥을 내줍니다.

11. 한쪽 면을 잘라 뒤집는다.

붙이는 부분입니다.

12. 솜을 넣고 구멍을 막는다.

13. 같은 과정을 반복해 인형을 모두 만든다.

14. 만든 인형에 얼굴과 스티치, 자수 등을 놓는다.

15. 인형을 달아 장식해 리스를 완성한다.

재봉하고 남은 조각 천과 셔츠로
예쁜 시계 만들기

리사이클 48

이번에는 원단 조각으로 동화에 나올 법한 시계를 만들 거예요. 프릴을 자유롭게 만들고 붙여 장식하는 데 집중하며 연습해보세요. 각기 다른 원단 조각으로 귀여운 찻잔 인형을 만들어 장식하면 세상 단 하나뿐인 시계로 변신해 있을 거예요. 버릴 것 하나 없는 리폼의 세계, 기대되지 않나요?

소요 시간	2시간
재료	셔츠, 퀼팅 솜, 원단 조각, 시계 부자재, 우드록, 프라이팬, 단추, 솜

영상 수업 바로 가기

1. 셔츠의 팔 부분을 잘라낸다.

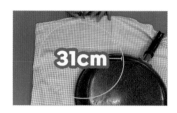

2. 프라이팬이나 도구를 사용해 원을 그린다. 지름 31cm짜리로 총 2장을 그려 재단한다.

3. ②에서 자른 원단 중 1장에 퀼팅 솜을 덧대 촘촘히 누빈다.

4. ①에서 잘라낸 팔 부분을 폭 10cm로 잘라 펼친다.

5. 자른 팔 부분을 서로 연결해 길게 재봉한다.

6. 세로로 반 접어 프릴을 만들어준다.
프릴 노루발을 사용해서 프릴을 만들어주세요.

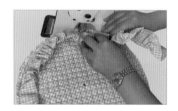

7. 만든 프릴을 ③에 붙여준다.

8. ②에서 남은 1장으로 ⑦을 덮은 후 창구멍을 남기고 박음질한다.

9. 창구멍으로 뒤집고 상침한다.

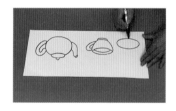

10. 찻잔과 주전자 도안을 그려 잘라낸다.

11. 원단에 도안을 대고 그린 후 창구멍을 남기지 않고 박음질한다.

12. 시접을 약간만 남기고 자른 후 모서리에 가윗밥을 내준다.
굴곡 있는 곳에 가윗밥을 내면 부드럽게 뒤집혀요.

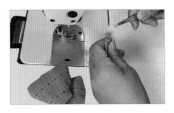

13. 한쪽 면 가운데를 가위로 잘라 뒤집은 후 솜을 넣는다.

14. 같은 과정을 반복해 여러 원단으로 만들어준다.

15. ②와 같은 크기로 재단한 동그란 우드록을 원단에 대고 재단해 우드록을 감싸 붙인다.

16. ⑨에 고리를 대고 ⑮를 붙인다.

17. 만든 인형들과 시간을 표시할 단추를 달아준다.

18. 가운데에 구멍을 뚫고 시계 부자재를 달아준다.

19. 시계를 완성한다.

☐ EASY ☐ MEDIUM ☐ HARD

자투리 원단으로 만드는
귀여운 사과 리스

리사이클 49

버리기 아까워 모아둔 자투리 원단 활용법 세 번째! 사과 향이 날 것만 같은 예쁜 리스를 사용하고 남은 원단 조각으로 만들어보세요. 이번에는 손으로 간단한 자수 놓는 법을 연습해보세요. 두꺼운 실을 사용하거나 실을 여러 번 겹쳐 자수를 놓습니다. 중간중간 예쁜 큐빅으로 장식해도 좋아요. 버릴 것 하나 없는 리폼, 함께 도전해볼까요?

소요 시간	1시간
재료	원단 조각, 우드록, 마 끈, 솜

영상 수업 바로 가기

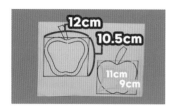

1. 사이즈에 맞게 박스를 그린 후 그 안에 사과를 그려 도안을 만든다.

2. 우드록에 지름 31cm의 원을 그린 후, 두께 5cm를 두고 가운데 원을 뚫는다.

3. 마 끈을 감아 준비한다.

4. 큰 사과 6개, 작은 사과 6개를 원단 조각에 대고 잘라준다.

5. 큰 사과 도안의 테두리를 자른 후, 살구색 원단에 대고 그린다.

6. ⑤ 2장을 겹쳐 박음질하고 시접을 약간만 주어 재단한다.

7. 한쪽 면에 칼집을 내 뒤집는다.

8. 큰 사과 원단 조각 위에 ⑦을 박음질해 붙이고 나머지 원단을 위에 올려 테두리를 박음질한다.

겉면끼리 서로 마주 보게 한 후 테두리를 박음질해야 해요.

9. 뒷면에 칼집을 내 뒤집고 자수로 장식한다. 같은 방식으로 나머지 큰 사과도 만든다.

10. 작은 사과는 작은 조각을 붙이는 과정 없이 동일한 방식으로 만들어 준다.

11. 큰 사과와 작은 사과 모두 칼집에 솜을 넣고 막는다.

12. 인형 도안을 그리고 자른다.

13. 같은 방식으로 인형을 만든다.

14. 글루건으로 ③에 붙여 리스를 완성한다.

일회용 종이컵과 자투리 천으로
독특한 가방과 장지갑 만들기

리사이클 50

버리기 아까워 모아둔 원단 조각 활용 네 번째! 알록달록한 원단으로 무늬를 만들어 가방을 장식해보세요. 안주머니 만드는 법과 지퍼 다는 법에 집중하며 연습해볼게요. 어려워 보이지만 금방 익숙해질 거예요. 원단으로 원형을 만드는 것이 조금 어렵다면 바늘땀 수를 좁게 해 박음질해보세요. 원하는 만큼 수납공간을 만들어 완성하면 유용하게 사용할 수 있죠. 과정이 어렵게 느껴진다면 QR코드를 찍어 영상을 참고하세요.

소요 시간	1시간
재료	종이컵, 청바지, 원단, 방수 천, 바이어스, 가방 고리, 심지, 솜

영상 수업 바로 가기

1. 종이컵을 자투리 천에 대고 원을 그린다.

2. 다양한 천으로 준비한다.

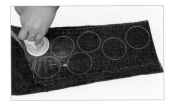

3. 안 입는 청바지에도 그려 재단한다.

4. ③ 1장 위에 ②의 원단 동그라미 1장을 서로 겉면이 바깥으로 향하게 올려 이어 붙인다.

5. 끝을 접어 박아 사각형을 만든다.

6. 청바지를 잘라 펼치고 가로 37cm, 세로 33cm짜리 2장으로 자른다.

7. 속지로 사용할 방수 천도 같은 크기로 잘라 준비한다. 이때 속주머니를 만들어 달아도 좋다.
안주머니 부분 봉제(p. 31) 참고

8. ⑤를 ⑥에 멋스럽게 배치한다.

9. 박음질로 단단히 고정해준다.

10. ⑥에서 남은 1장을 ⑨ 위에 겉면 끼리 마주 보게 덮고 점선 모양으로 박음질한 후 뒤집는다.

11. 같은 방식으로 ⑦의 속지도 겉면 끼리 서로 마주 보게 하고 점선대로 박음질해준다. 이때 창구멍을 남겨준다.

12. ⑪의 양쪽 바닥 모서리를 원하는 만큼 박음질해 바닥 면을 만들어준다.

13. 거꾸로 뒤집은 안감에 겉감을 넣고 입구를 박음질해 붙인 후, 창구멍으로 뒤집고 창구멍을 막는다.

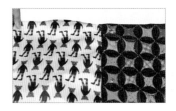

14. 안감을 겉감 속에 넣어준다.

15. 입구 테두리를 상침한다.

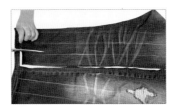

16. 청바지를 길게 잘라 가방끈을 만든다. 이때 시접 1cm를 포함해 가로 5cm, 세로 24cm 2장을 재단한다.

17. 청바지를 네모나게 박음질한 후 창구멍으로 뒤집는다.

18. ⑰을 상침한다.

19. ⑱을 가방에 달고 고리를 끼우고 가방끈을 연결해 가방을 완성한다.

지갑 만들기

20. 자투리 천에 종이컵 밑부분을 대고 그린다.

21. ④~⑤와 같은 방식으로 작은 원을 만들어 네모나게 박음질한다.

22. 2장을 겹친 원단 한쪽 면에 심지를 붙이고 원하는 지갑 크기로 재봉해준다.
사용하고 있는 장지갑을 펼쳐서 본떠도 좋아요.

23. 안감 사이에 솜을 넣고 바이어스로 박아 지폐 칸을 만든다.

24. 원단으로 수납 칸을 여러 개 만들고 배치해서 박음질해준다.

25. ㉑의 장식을 붙이고 전체 바이어스로 마무리해 완성한다.
똑딱이 단추를 달아도 좋아요.

〈스페셜〉 3000원짜리 구제 옷으로 만드는 테디베어 인형

리사이클 51

옷으로 만들 수 있는 아이템은 무궁무진해요. 이번에는 옷 리폼이 아닌 귀여운 곰돌이 인형 만들기를 준비했어요. 책을 참고해 인형의 팔다리를 그려보세요. 조금 통통한 곰이 될 수도 있고, 앙증맞고 작은 곰이 될 수도 있겠죠? 극세사 옷이나 담요를 이용해도 좋아요. 무엇이든 상상한 대로 해보세요. 만드는 법이 어렵다면 QR코드를 찍어 영상을 참고하세요.

소요 시간	2시간
재료	극세사 털옷, 체크 원단, 인형 눈과 코, 청바지, 솜, 단추

영상 수업 바로 가기

1. 털옷의 팔 부분을 잘라낸다.

2. 도안을 참고해 곰 인형의 옆 모습을 그린다.

3. 자른 도안을 옷의 몸판에 배치해 재단한다.

4. ③에서 재단한 발바닥과 손바닥에 체크 원단을 덧댄다.

5. 얼굴의 코 부분을 3cm 정도 접어 박아 입체감을 만든다.

6. 다리, 몸통 등을 재봉한다.

7. 팔과 다리에 ④에서 만든 손, 발바닥을 연결해준다.

8. 귀와 꼬리도 만들어준다.

9. 솜을 넣는다.

10. 창구멍을 공그르기해서 막는다.

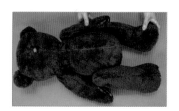
11. 눈과 코, 팔다리와 머리를 바느질해 인형을 완성한다.

(인형 만들기)

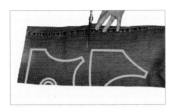

12. 청바지나 원단에 인형 치수대로 그려 시접 1cm로 재단한다.

13. 골선으로 자른 조끼 뒤판 1장, 앞판 조각 2장을 준비한다.

인형에 A4 종이를 대 패턴을 뜨면 쉬어요.

14. 후드를 원단에 그리고 재단한다.

15. 소매도 원단에 그려 재단하고 ⑭, ⑮ 모두 오버로크한다.

16. 어깨와 옆 선, 앞 선을 순서대로 박음질한다.

17. 점선대로 소매를 박음질한다.

18. 소매를 몸판과 연결한다.

19. 전체 오버로크한 후 같은 방식으로 후드와 단추를 달아준다.

20. 완성한 곰 인형에 옷을 입힌다.

〈스페셜〉 구멍 난 양말로 귀여운 양말 인형 만들기

리사이클 52

양말 하나로 예쁜 인형을 만들어볼게요. 어렵지 않으니 차근차근 만들어보세요. 신축성 좋은 양말을 이용해 인형의 보디를 만들고, 패턴 있는 양말을 활용해 옷을 만들어 입혀볼게요. 털실을 땋아 머리 부분으로 사용하고, 인형 눈을 붙이거나 그려 마무리해주세요.

소요 시간	2시간
재료	살구색 양말, 무늬 양말, 솜, 털실, 인형 눈

영상 수업 바로 가기

1. 살구색 양말 앞부분을 자른다.

2. 자른 부분을 전체 홈질한다.

3. 솜을 넣고 당겨 동그랗게 만든다.

4. ①의 남은 부분에서 반 정도 남긴 후, 남은 부분을 세로로 자르고 각각 접어 박음질한다.

5. 무늬 양말을 사진처럼 발 모양으로 자르고 박음질한다.

6. ④에서 남은 양말 천을 박음질해 적당한 크기로 몸통을 만든다.

7. 몸통에 다리 2개를 넣고 점선 부분을 박음질한 후, 몸통 천을 올려 뒤집는다.

8. 뒤집은 몸통에 솜을 넣고 다시 박음질한다.

9. 몸통에 팔을 붙이고 머리를 붙이기 전에 옷을 만들어 입힌다.

10. 인형 몸통에 맞추어 조끼와 소매를 만든다.

11. 양말을 길게 펼쳐 밑단을 박음질해 치마를 만든다.

바지를 만들어도 좋습니다.

12. 털실을 땋아 머리카락을 만든다.

13. ⑬을 머리에 붙이고 모자를 씌운 후 몸통과 눈을 붙인 머리를 연결해 인형을 완성한다.

많은 사람이 리폼하는 법을 알게 된다면
매 시각 낭비되고 있는 의류가
다시 태어날 기회를 얻을 수 있을 뿐 아니라
지구환경을 지키는 데 도움이 되지 않을까요?

<저자의 말 중>

누구나 신의 손이 되는
쉬운 리폼